国家能源集团典型示范案例 综合能源系列

海水淡化

张世山◎主编

中国石化出版社

·北京·

图书在版编目（CIP）数据

海水淡化 / 张世山主编 . —北京：中国石化出版社，
2024.3（2025.5 重印）

（国家能源集团典型示范案例综合能源系列）

ISBN 978-7-5114-7454-4

Ⅰ . ①海…　Ⅱ . ①张…　Ⅲ . ①海水淡化　Ⅳ .
① P747

中国国家版本馆 CIP 数据核字（2024）第 060943 号

中国石化出版社出版发行

地址：北京市东城区安定门外大街 58 号

邮编：100011　电话：（010）57512500

发行部电话：（010）57512575

http://www.sinopec-press.com

E-mail：press@sinopec.com

宝蕾元仁浩（天津）印刷有限公司印刷

全国各地新华书店经销

*

710 毫米 ×1000 毫米　16 开本　7 印张　102 千字

2025 年 1 月第 1 版　2025 年 5 月第 2 次印刷

定价：56.00 元

编委会

引 言
PREFACE

随着用水需求的不断增加，海水淡化在水资源领域的作用越来越大。淡化海水作为重要的优质增量水源，是沿海水资源的重要补充和战略储备，对保障水安全具有极为重要的意义。《中华人民共和国国民经济和社会发展第十四个五年规划和 2035 年远景目标纲要》作出推进海水淡化规模化利用的战略部署，中共中央、国务院印发的《扩大内需战略规划纲要（2022—2035 年）》提出"在沿海缺水城市推动大型海水淡化设施建设"，国家发展改革委、自然资源部联合印发实施《海水淡化利用发展行动计划（2021—2025 年）》，对"十四五"海水淡化利用发展的主要目标和重点任务作出安排。

国家能源集团发布了《关于支持综合能源产业发展的指导意见》，指出要打造"以电为中心、辐射周边"的"发电 +"综合能源供应体。通过燃煤电厂内既有的水处理系统或水站进行集中处理，依托海水淡化技术，利用管网向周边供应除盐水、淡水，解决周边用户的水耗需求，实现现有工业园区、楼宇集群、城市用水体系的梯级循环利用，是火电综合能源转型的思路之一。

本书对海水淡化的政策背景和发展现状进行了简要汇总，对热法和膜法两类典型海水淡化技术路线的原理、工艺及相关设备国产化情况进行了重点介绍，并以国家能源集团内现有海水淡化工程为案例，对使用环境、运行情况和制水成本等方面进行了详细分析，对运行过程中发现的问题及解决方案进行了分享，以期能够为集团内电厂海水淡化项目的技术路线选择提供可借鉴的素材和有效的指导与帮助，推动集团内规模化海水淡化的应用。

目 录
CONTENTS

第一章

政策背景

一、发展政策

党中央、国务院高度重视海水利用工作。《中华人民共和国国民经济和社会发展第十四个五年规划和 2035 年远景目标纲要》作出推进海水淡化规模化利用的战略部署，纲要中提出：围绕海洋工程、海洋资源、海洋环境等领域突破一批关键核心技术。培育壮大海洋工程装备、海洋生物医药产业，推进海水淡化和海洋能规模化利用，提高海洋文化旅游开发水平。国家海水淡化产业相关政策见表 1.1。

表 1.1 国家海水淡化产业相关政策

发布单位	发布时间	政策名称	政策要点
中共中央、国务院	2022 年	《扩大内需战略规划纲要（2022—2035 年）》	加快水利基础设施建设。加快推进集防洪减灾、水资源调配、水生态保护等功能为一体的综合水网建设，提升国家水安全保障能力。在沿海缺水城市推动大型海水淡化设施建设
国务院	2021 年	《关于加快建立健全绿色低碳循环发展经济体系的指导意见》	在沿海缺水城市推动大型海水淡化设施建设
国家发展改革委、水利部、住房城乡建设部、工业和信息化部、农业农村部	2021 年	《"十四五"节水型社会建设规划》	放开再生水、海水淡化水政府定价，推进按照优质优价原则供需双方自主协商确定。鼓励以政府购买服务方式推动公共生态环境领域污水资源化利用与沿海地区海水淡化规模化利用
国家发展改革委、自然资源部	2021 年	《海水淡化利用发展行动计划（2021—2025 年）》	到 2025 年，全国海水淡化总规模达到 290×10^4 t/d 以上，新增海水淡化规模 125×10^4 t/d 以上，其中沿海城市新增 105×10^4 t/d 以上，海岛地区新增 20×10^4 t/d 以上
工业和信息化部	2021 年	《"十四五"工业绿色发展规划》	扩大海水淡化水利用规模。沿海地区结合实际制定海水直接利用及海水淡化年度工作计划。沿海缺水地区将海水淡化水作为生活补充水源、市政新增供水及重要应急备用水源，规划建设海水淡化工程，依法严控具备条件但未充分利用海水的高耗水项目和工业园区新增取水许可。探索在具备条件地区将海水淡化水向非沿海地区输配。鼓励海岛海水淡化设施建设及升级改造，保障海岛生产生活用水需求

续表

发布单位	发布时间	政策名称	政策要点
国家发展改革委	2021 年	《污染治理中央预算内投资专项管理办法》	支持海水淡化项目建设,包括海水淡化工程、苦咸水浓盐水利用、海水淡化关键材料装备示范工程等
国家发展改革委等	2022 年	《关于加快推进城镇环境基础设施建设的指导意见》	在沿海缺水地区建设海水淡化工程、推广浓盐水综合利用
工业和信息化部、水利部、国家发展改革委、财政部等	2022 年	《关于印发工业水效提升行动计划的通知》	鼓励沿海钢铁、石化化工等企业、园区加大海水直接利用以及余能低温多效、反渗透、太阳能光热等海水淡化技术应用力度,配套自建或第三方投资海水冷却、海水淡化设施,扩大海水利用规模。对于沿海缺水地区具备条件但未充分利用海水淡化水的高用水项目和工业园区,依法严控新增取水许可。到 2025 年,工业新增利用海水、矿井水、雨水量 5 亿立方米
国务院	2022 年	《国务院关于支持山东深化新旧动能转换推动绿色低碳高质量发展的意见》	打造集成风能开发、氢能利用、海水淡化及海洋牧场建设等的海上"能源岛"。在确保绝对安全的前提下,在胶东半岛有序发展核电,推动自主先进核电堆型规模化发展,拓展供热、海水淡化等综合利用
水利部等	2022 年	《关于推进用水权改革的指导意见》	因地制宜推进集蓄雨水、再生水、微咸水、矿坑水、淡化海水等非常规水资源交易,以及利用非常规水源置换的用水权交易
国家发展改革委、商务部	2022 年	《鼓励外商投资产业目录(2022 年版)》	将日产 10 万立方米及以上海水淡化及循环冷却技术和成套设备开发、制造海水利用(海水直接利用、海水淡化)、苦咸水利用、综合利用海水淡化后的浓盐水制盐、提取钾、溴、镁、锂及深加工等海水化学资源高附加值利用技术研发列入其中
水利部	2023 年	《全面加强水资源节约高效利用工作的意见》	沿海缺水地区加强海水利用、逐步提高海水淡化水配置量和覆盖范围
水利部、国家发展改革委	2023 年	《关于加强非常规水源配置利用的指导意见》	沿海缺水地区要加强海水淡化水利用,因地制宜将海水淡化水作为生活补充水源、市政新增供水及应急备用水源,进一步提高海水淡化水配置量和覆盖范围,高耗水产业应科学配置海水淡化水,扩大工业园区海水淡化利用规模,建设海水淡化水利用示范工业园区,依法严控具备条件单位充分利用海水淡化水的高耗水项目和工业园区新增取水许可
国家发展改革委、水利部等七部门	2023 年	《关于进一步加强水资源节约集约利用的意见》	沿海缺水地区、海岛要将海水淡化水作为生活补充水源、市政新增供水及重要应急备用水源,工业园区、高耗水产业充分配置海水淡化水。统筹规划建设海水淡化工程,探索推动海水淡化水进入市政供水管网

其中《海水淡化利用发展行动计划（2021—2025年）》提出，"十四五"时期要着力推进海水淡化规模化利用。一是提升海水淡化供水保障水平。沿海缺水地区要将海水淡化水作为生活补充水源、市政新增供水及重要应急备用水源，逐年提高海水淡化水在水资源中的配置比例，建设海水淡化示范城市和示范工程。二是扩大工业园区海水淡化利用规模。鼓励沿海地区工业园区和高耗水产业优先利用海水，建设海水淡化利用示范工业园区。三是提高海岛及船舶用水保障能力。四是拓展淡化利用技术应用领域。推广使用膜分离、能量回收等海水淡化技术，促进浓盐废水处理利用和污水资源化利用、苦咸水综合利用等。此外还要强化技术研发，重点研发反渗透膜组件、高压泵、能量回收装置等关键核心技术装备，逐步提高技术水平；完善产业链条，做好海水淡化产业补链、强链、延链工作，保障产业链供应链安全；提升服务能力，鼓励构建关键技术、核心材料、重要部件、整机装备和标准化等创新需求公共服务平台。

各地也在积极推动海水淡化产业的发展。辽宁省、天津市、河北省、山东省、上海市、福建省、广东省等沿海省市将海水利用纳入当地"十四五"海洋经济、海洋工程装备、碳达峰、节约用水、城镇环境基础设施建设等发展规划、行动计划或实施方案中，包括：《辽宁省"十四五"海洋经济发展规划》《天津市加快推进城镇环境基础设施建设实施方案》《河北省海洋经济发展"十四五"规划》《山东省船舶与海洋工程装备产业发展"十四五"规划》《山东省海洋强省建设行动计划》《山东省碳达峰实施方案》《山东省全面推进水资源节约集约利用实施方案》《上海市节水型社会（城市）建设"十四五"规划》《福建省"十四五"节水型社会建设规划》《广东省节水型社会建设"十四五"规划》《广东省加快推进城镇环境基础设施建设实施方案》。天津市通过《天津市促进海水淡化产业发展若干规定》，为推动海水淡化规模化利用提供了法治保障。天津市、山东省、海南省分别出台《天津市海水淡化产业发展"十四五"规划》《天津市促进海水淡化产业高质量发展实施方案》《山东省海水淡化利用发展行动实施方案》《海南省海水淡化利用实施方案（2021—2025年）》，提出促进海水淡化产业高质量发展的指导思想、基本原则、发展目标、产业布局、重点任务及保障措施。各地涉及海水淡化产业相关内容见表1.2。

表 1.2　各地涉及海水淡化产业相关内容

山东	实施新一轮海洋强省行动方案，发展海工装备、海洋生物医药、现代海洋牧场、海水淡化，打造海洋经济改革发展示范区。加强推进海水淡化，在青岛、烟台、威海等市规划建设海水淡化基地。推动海水淡化水纳入沿海地区水资源统一配置体系，探索市政用水补充机制，建设全国海水淡化与综合利用示范区。推动海水淡化纳入本地水资源统一配置体系，推进海水淡化水进入市政管网。开展海水淡化专用材料及装备协同攻关，推动海水淡化与综合利用全产业链协同发展。实施海水淡化与综合利用工程，支持具备条件的地方创建国家海水淡化示范城市，积极推进海水资源循环利用示范。
海南	培育壮大深海科技、海洋生物医药、海洋信息、海水淡化、海洋可再生能源、海洋智能装备制造等新兴海洋产业，引导工业企业等开展海水淡化。加强海水淡化技术开发，鼓励支持远离陆地的海岛建设海水淡化工程，实现有需求的有居民岛礁海水淡化工程全覆盖。开展中小型岛礁新能源海水淡化工程，重点开发推广与可再生能源结合互补的海水淡化工程。
辽宁	扩大海水淡化规模化应用，支持大型海水淡化项目和配套输水工程，加快推进海水综合利用及配套管网工程高新技术示范。鼓励海岛因地制宜建设海水淡化工程，提高海水淡化在区域供水的配置比例。引导临海企业使用海水作为工业冷却水，推动海水冷却技术在沿海电力、化工、石化、冶金、核电等高用水行业的规模化应用。推进海水提取微量元素技术产业化，加快海水提取钾、溴、镁等系列化产品开发，实现海水化学资源高值化利用。推动海水淡化与综合利用集成技术拓展应用，拓展形成电、热、水、盐一体化海水综合利用产业链，开展海水淡化与综合利用研究，开发高效节能（低成本）的海水淡化技术，开展海水淡化与盐化工、盐业相结合的海洋化学资源综合利用研究及应用示范。
福建	沿海地区及岛屿，加大海水直接利用工程和海水淡化处理厂建设。扩大海水淡化水利用规模。福州、厦门、漳州、泉州及平潭等缺水地区将海水淡化水作为生活补充水源、市政新增供水及重要应急备用水源，规划建设海水淡化工程，依法严控具备条件但未充分利用海水的高耗水项目和工业园区新增取水许可。鼓励海岛海水淡化设施建设及升级改造，保障海岛生产生活用水需求。
天津	推动海水淡化关键材料、核心装备、浓盐水综合利用等领域技术攻关。以应用场景为牵引，大力发展海水淡化产业，构建海水淡化全产业链。以自然资源部天津临港海水淡化与综合利用示范基地为载体，建设 10×10^4 t/d 海水淡化试验场、海水淡化水处理药剂产业化等项目，引育一批海水淡化与综合利用装备制造、新材料、工程服务等企业，搭建海水淡化装备检测平台，推动科研院所、科技服务业、生产性服务业协同聚集发展，打造海水淡化成套装备制造集群。加强沿海地区淡化海水配置管理，支持临港、南港海水淡化厂建设；推进自然资源部天津临港海水淡化与综合利用示范基地建设。
广东	推进海水直接利用和海水淡化。沿海地区及岛屿，加大海水直接利用工程和海水淡化处理厂建设。鼓励和支持沿海地区高耗水行业和工业园区开展海水淡化利用，推广海水淡化在海岛地区供水保障的应用，鼓励太阳能、风能、潮汐能等非并网新能源耦合海水淡化装置建设，提高海水淡化工程自主技术和装备应用率。

续表

河北	以突破核心关键技术和提高产业化水平为抓手，全面推进海水规模化利用。支持沿海地区将海水淡化水作为生活补充水源、市政新增供水和重要应急备用水源，纳入区域水源规划和水资源统一配置，提高海淡水在水资源配置中的比例。支持唐山市、沧州渤海新区推进建设海水淡化示范城市，开展海淡水规模化供水、运营管理、政策机制等集成示范。推广利用海淡水作为锅炉补水、工艺用水、"点对点"直供企业用水等先进经验，扩大工业园区海淡水利用规模。加强曹妃甸海水淡化工程研究中心、沧州渤海新区海水淡化与膜工程技术研发中心建设。支持开展超大型膜法、热法脱盐和浓盐水高值化利用科技创新，优化海水淡化工艺，提升技术集成水平，降低海水淡化成本。鼓励研发反渗透膜组件、高压泵、能量回收装置等关键核心技术装备，推动聚砜、无纺布等关键基础原材料以及海水淡化绿色处理、新型药剂、贵稀金属及高附加值资源提取、纳滤及其他新型分离膜等技术研究。鼓励海水淡化浓盐水综合利用，引导海水淡化与原盐生产相结合，提高海水淡化浓盐水利用比例。
浙江	在海岛地区和沿海产业园区大力推广海水淡化，加快实施舟山绿色石化基地海水淡化工程（二期）、3×10^4 t/d 菜园海水淡化厂新建工程等一批海水淡化重点项目，到 2025 年，全省海水淡化产能规模达到 55×10^4 m^3/d。充分发挥杭州水处理中心、浙江大学等在膜处理方面的技术优势，推广应用海水淡化工程自主技术和装备，推进水处理领域的产学研融合，打破技术壁垒，降低海水淡化成本，确保水质达标和口感提升。
江苏	稳健发展海水利用业。依托江苏省新能源淡化海水工程技术研究中心等研发机构，开展海水淡化技术协同攻关及产业化，探索海水淡化新技术、新模式。在沿海地区探索淡化海水进入城市供水管网，提供安全可靠优质淡水。围绕高耗水行业发展需求，在沿海工业园区周边探索建设海水淡化基地。在临海区域限制淡水冷却，推进海水冷却技术在沿海电力、化工、石化、冶金、核电等高用水行业的规模化应用。

二、鼓励政策

国家及地方层面均出台了相关政策鼓励海水淡化行业的发展。具体见表 1.3。

表 1.3　海水淡化项目鼓励政策

国家层面		《国家发展改革委办公厅关于完善两部制电价用户基本电价执行方式的通知》（发改办价格〔2016〕1583 号），海水淡化项目可执行两部制电价。
		国家税务总局的国家重点扶持的公共基础设施项目企业所得税"三免三减半"税收政策。
		国家发展改革委关于印发《污染治理中央预算内投资专项管理办法》的通知（发改环资规〔2024〕337 号），其中海水淡化工程按不超过项目总投资的 30% 控制。
地方层面	山东	在 2018 年至 2020 年期间，优惠 0.555 元的电价，在 2021 年采用两部制电价。青岛对符合条件的海岛海水淡化项目，按照固定资产投资的 20% 给予不超过 1 000 万元的一次性奖补；对符合条件的非海岛海水淡化项目，按照固定资产投资的 10% 给予不超过 1 000 万元的一次性奖补。
	浙江	在 2019 年之前，针对海水淡化项目采用农电电价，目前采用两部制电价。
	河北	针对海水淡化项目的发电企业，增加一定的发电上网时数。
	天津	针对配套海水淡化项目的天津北疆电厂，给予上网电价 0.01 元 /（kW·h）的价格补贴。

第二章
海水淡化行业发展现状

海水淡化

一、技术概述

海水淡化是从海水中获取淡水的技术和过程，可通过物理、化学等方法实现。主要路径有两条，一是从海水中取出水，二是从海水中取出盐。前者有蒸馏法、反渗透膜法、冰冻法、水合物法和溶剂萃取法等，后者有离子交换法、电渗析法、电容吸附法和压渗法等。但目前为止，实际规模化应用的仅有蒸馏法、反渗透膜法和电渗析法。其中蒸馏法依据所用能源、设备及流程不同，又可以将之分为很多种，主要的有多级闪急蒸馏、多效蒸馏、蒸汽压缩蒸馏和太阳能蒸馏等。

海水淡化技术经过半个多世纪的发展，技术上已经比较成熟，目前主流的方法有多级闪急蒸馏、多效蒸馏、蒸汽压缩蒸馏和反渗透膜法，但适用于大型项目的方法只有多级闪急蒸馏、多效蒸馏和反渗透膜法。

二、工程规模

根据自然资源部海洋战略规划与经济司 2024 年 6 月发布的《2023 年全国海水利用报告》，截至 2023 年底，全国现有海水淡化工程 156 个，工程规模 2 522 956 t/d，比 2022 年增加了 165 908 t/d（图 2.1）。其中，万吨级及以上海水淡化工程 55 个，工程规模 2 300 728 t/d；千吨级及以上、万吨级以下海水淡化工程 51 个，工程规模 208 266 t/d；千吨级以下海水淡化工程 50 个，工程规模 13 962 t/d。

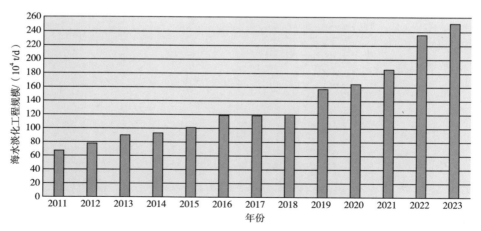

◆ 图 2.1　全国海水淡化工程规模增长图（图自《2023 年全国海水利用报告》，2024 年 6 月）

根据中国水利企业协会脱盐分会发布的《2022—2023 中国海水淡化年度报告》，2022—2023 年海水淡化工程产水主要用于工业和市政领域，主要服务于沿海地区的电力行业、工业园区、市政和海岛供水等领域。电力行业工程涉及热电、火电、核电，工程包括华电龙口热电联产海水淡化一期工程（1.58 万 m^3/d）、华能董家口电厂热电联产海水淡化工程（1.7 万 m^3/d）、浙能乐清电厂三期海水淡化工程（1 万 m^3/d）、国家能源集团蓬莱电厂海水淡化工程（1 万 m^3/d）、浙江六横电厂二期海水淡化工程（1.2 万 m^3/d）、田湾核电站蒸汽供能项目海水淡化工程（3.9 万 m^3/d）、中核龙原福建霞浦核电海水淡化工程（0.68 万 m^3/d）。工业园区工程包括山东鲁北化工海水淡化工程一期（5 万 m^3/d）、河北唐山海港海水淡化工程一期（5 万 m^3/d）。市政领域工程主要为青岛百发海水淡化厂扩建工程（10 万 m^3/d），以及浙江省、辽宁省的海岛海水淡化工程，其中浙江舟山嵊泗县菜园海水淡化厂一期工程建设规模为 1 万 m^3/d。

三、区域分布与用途

根据国际公认标准，人均水资源量低于 3 000 m^3 为轻度缺水，人均水资源量低于 2 000 m^3 为中度缺水，人均水资源量低于 1 000 m^3 为重度缺水，人均水资源量低于 500 m^3 为极度缺水。全国约有 670 个城市，400 多个城市存在着不同程度的缺水现象，其中严重缺水的有 110 多个，尤其是北方地区，几乎所有城市都严重缺水，如大连、天津、烟台、青岛人均水资源占有量都在 200 m^3 左右。天津、宁夏、上海、北京、河北、山东、河南、陕西、江苏、辽宁等 10 个省级行政区人均水资源量低于 1 000 m^3，大多数需要调水才能解决问题。面对日益严重的缺水形势，海水淡化成了行之有效的解决方案之一。

根据《2023 年全国海水利用报告》，截至 2023 年底，全国海水淡化工程分布在沿海 10 个省（区、市）水资源严重短缺的城市和海岛，工程规模见图 2.2。辽宁省现有海水淡化工程规模 161 984 t/d，天津市现有海水淡化工程规模 306 000 t/d，河北省现有海水淡化工程规模 390 700 t/d，山东省现有海水淡化工程规模 713 209 t/d，江苏省现有海水淡化工程规模 5 020 t/d，浙江省现有海水淡化工程规模 801 473 t/d, 福建省现有海水淡化工程规模 37 870 t/d, 广东省现有海水淡化工程规模 97 800 t/d, 广西壮族自治区现有海水淡化工程规模 750 t/d, 海南省现有海水淡化工程规模 8 750 t/d。其中, 海岛地区现有海水淡化工程规模 801 908 t/d。

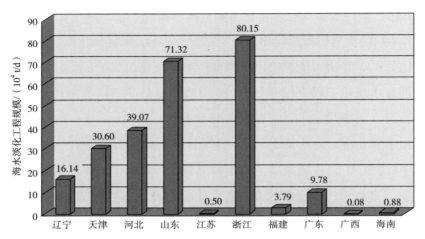

◆ 图 2.2　全国沿海省（区、市）现有海水淡化工程规模分布图
（图自《2023 年全国海水利用报告》, 2024 年 6 月）

海水淡化水主要用于工业用水和生活用水。其中, 工业用水主要集中在沿海地区北部、东部和南部海洋经济圈的电力、石化、钢铁等高耗水行业; 生活用水主要集中在海岛地区和天津、青岛 2 个沿海城市。2023 年, 新增用于工业用水的海水淡化工程主要是为石化、钢铁、电力等高耗水行业提供高品质用水; 新增用于生活用水的海水淡化工程主要是为辽宁省、山东省、浙江省、广西壮族自治区、海南省等地缺水海岛提供水资源供给保障。

四、技术应用

从海水淡化技术应用看, 目前我国已掌握反渗透和低温多效海水淡化技术, 关键设备研制取得突破, 相关技术达到或接近国际先进水平, 反渗透技术应用尤其广泛, 占比超过六成。根据《2023 年全国海水利用报告》, 截至 2023 年底, 全国应用反渗透技术的工程 140 个（包括 2 个"反渗透＋低温多效"海水淡化工程项目）, 工程规模 1 696 426 t/d, 占总工程规模的 67.24%; 应用低温多效技术的工程 17 个（包括 2 个"反渗透 + 低温多效"海水淡化工程项目），工程规模 820 530 t/d，占总工程规模的 32.52%；应用多级闪蒸技术的工程 1 个，工程规模 6 000 t/d，占总工程规模的 0.24%（图 2.3）。

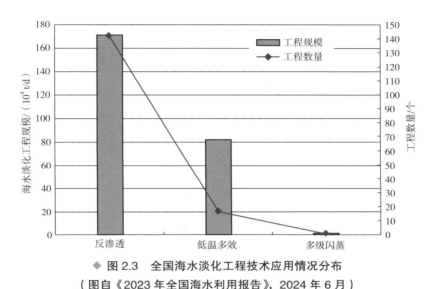

◆ 图 2.3 全国海水淡化工程技术应用情况分布
（图自《2023 年全国海水利用报告》，2024 年 6 月）

目前，我国已形成 MED（低温多效蒸馏）技术自主研发和装备制造体系，技术部分可以实现 100% 自主，国产设备主要性能与国外厂商没有明显差距。国产 MED 技术以更低的单位造价全面占领国内市场，并开始实现技术与产品输出。国内 MED 装置制造商主要有上海电气、东方锅炉。

目前国内 MED 单机规模最大的装置是 2019 年建成的首钢单机 3.5×10^4 t/d 低温多效蒸馏装置。国内 MED 技术产能规模最大的项目为浙江石化海水淡化二期，产水量达到 20×10^4 t/d。参考中国水利企业协会脱盐分会发布的《2022—2023 中国海水淡化年度报告》及国内 2022—2023 年海水淡化项目情况，表 2.1 汇总了目前国内已建的 MED 技术海水淡化工程项目（包含小规模的中试试验装置）。

表 2.1 国内已建 MED 技术海水淡化工程项目

项目名称	规模 / (t/d)	承建单位	完成时间	用途
山东黄岛电厂海水淡化工程（Ⅰ期）	3 000	自然资源部天津海水淡化与综合利用研究所	2004	电力
河北国华沧东电厂海水淡化工程（Ⅰ期）	20 000	河北国华沧东发电有限责任公司、法国 Sidem 公司	2006	电力
天津泰达开发区新水源海水淡化工程	10 000	天津泰达新水源科技开发有限公司、法国 Weir 公司	2006	市政
河北国华沧东电厂海水淡化工程（Ⅱ期）	12 500	国能国华（北京）电力研究院有限公司、上海电气集团上海电气海水淡化工程技术公司	2009	电力
首钢京唐钢铁有限公司海水淡化项目（Ⅰ期）	25 000	法国 Sidem 公司、西门子水处理技术部	2009	钢铁
国华沧东电厂全性能系统测试中试装置	100	国能国华（北京）电力研究院有限公司、江苏双良节能有限公司	2009	试验
首钢京唐钢铁有限公司海水淡化项目（Ⅰ期Ⅱ）	25 000	法国 Sidem 公司、北京首钢国际工程技术有限公司	2010	钢铁
天津北疆电厂海水淡化工程（Ⅰ期Ⅰ）	100 000	以色列 IDE 有限公司	2010	电力
曹妃甸港海水淡化验证装置	1000	国家开发投资公司、中国电子工程设计院	2011	试验
天津北疆电厂海水淡化工程（Ⅰ期Ⅱ）	100 000	以色列 IDE 有限公司	2013	电力
河北国华沧东电厂海水淡化工程（Ⅲ期）	25 000	国能国华（北京）电力研究院有限公司、上海电气集团上海电气海水淡化工程技术公司	2014	电力
潍坊联兴新材料科技股份有限公司低温烟气淡化海水示范项目	100	潍坊联兴新材料科技股份有限公司	2014	饮用
国华舟山电厂二期海水淡化工程	12 000	国能国华（北京）电力研究院有限公司、众合海水淡化工程有限公司	2015	电力
宝钢广东湛江钢铁基地海水淡化工程	30 000	中冶海水淡化投资有限公司、上海电气集团上海电气海水淡化工程技术公司	2015	钢铁
河北秦皇岛热电厂海水淡化工程	6000	上海电气集团上海电气电站水务工程公司	2016	电力
浙江石化 4000 万吨炼油化工一体化热法海水淡化项目	105 000	上海电气集团股份有限公司	2019	石化
大连长兴岛恒力石化海水淡化项目	45 000	众和海水淡化工程有限公司	2019	石化
首钢京唐钢铁二期热法海水淡化项目	35 000	北京首钢国际工程技术有限公司	2019	钢铁

项目名称	规模/ (t/d)	承建单位	完成 时间	用途
河北丰越能源热法海水淡化 项目	25 000	上海电气集团上海电气电站水务工程公司、 浙江海盐力源环保科技股份有限公司	2019	钢铁
河北国华沧东电厂千吨海水 淡化中试装置	1000	国能国华（北京）电力研究院有限公司、东 方电气集团东方锅炉股份有限公司	2019	电力
大连恒力石化海水淡化二期 项目	55 000	东方电气集团东方锅炉股份有限公司	2021	石化
浙江石化海水淡化二期热法 海水淡化项目	200 000	上海电气集团上海电气电站水务工程公司	2021	石化

同样，经过近40年的不懈努力，反渗透技术取得了令人瞩目的进展。目前反渗透膜与组件的生产技术已经相当成熟，膜的脱盐率高于99.3%，透水通量大大增加；反渗透的给水预处理工艺经过多年的摸索基本可保证膜组件的安全运行；高压泵和能量回收装置的效率也在不断提高。以上措施使得反渗透淡化的投资费用不断降低，淡化水成本明显下降。

目前，国内反渗透技术产能规模最大的项目为浙江石化 $4\,000 \times 10^4$ t 炼油化工一体项目膜法海水淡化工程（Ⅱ期），产水量达到 14×10^4 t/d，表2.2汇总了国内万吨级以上的反渗透技术海水淡化工程项目。

表2.2　国内已建万吨级以上 RO 技术海水淡化工程项目

项目名称	规模/（t/d）	完成时间	用途
河北唐山大唐王滩电厂海水淡化工程	10 000	2005	电力
浙江台州市玉环华能电厂海水淡化工程	35 000	2006	电力
辽宁大连庄河电厂海水淡化工程	14 400	2007	电力
辽宁大连松木岛石化园区Ⅰ期海水淡化工程	20 000	2007	石化
辽宁华能营口电厂海水淡化工程	10 000	2007	电力
山东青岛黄岛电厂海水淡化工程Ⅱ期	10 000	2007	电力
浙江温州市乐清电厂海水淡化工程	21 600	2007	电力
辽宁大连化工集团大孤山热电厂海水淡化工程	20 000	2009	电力
天津大港新泉海水淡化工程	100 000	2009	化工
山东青岛碱业Ⅰ期海水淡化工程	10 000	2009	化工
辽宁红沿河核电有限公司海水淡化工程	11 000	2010	电力
浙江舟山市普陀区六横岛Ⅰ期海水淡化工程	10 000	2010	市政

续表

项目名称	规模/（t/d）	完成时间	用途
广东揭阳惠来电厂海水淡化工程	12 000	2010	电力
福建宁德核电厂海水淡化工程	10 800	2010	电力
河北曹妃甸北控阿科凌海水淡化工程	50 000	2011	钢铁
浙江舟山市普陀区六横岛Ⅰ期第二套海水淡化工程	10 000	2011	市政
广东惠州平海电厂海水淡化工程	18 000	2011	电力
山东青岛百发海水淡化工程	100 000	2013	市政
浙江舟山市普陀区六横岛Ⅱ期首台海水淡化工程	12 500	2014	市政
浙能舟山六横电厂海水淡化工程	24 000	2014	电力
浙江三门核电海水淡化工程	16 000	2015	电力
浙江台州第二发电厂海水淡化工程	18 000	2015	电力
山东省烟台海阳核电站海水淡化工程	16 800	2016	电力
山东省青岛市董家口海水淡化工程	100 000	2016	工业
浙江舟山市普陀区六横岛Ⅱ期海水淡化工程	20 000	2016	市政
广东珠海海丰电厂海水淡化工程	20 000	2016	电力
山东钢铁集团日照基地海水淡化工程	20 000	2019	钢铁
河北首钢京唐钢铁厂二期海水淡化工程	10 000	2020	钢铁
山东烟台南山铝业海水淡化工程	33 000	2020	铝业
河北沧州临港中科保生物科技有限公司海水淡化工程（Ⅰ期）	25 000	2020	工业
大唐雷州电厂"上大压小"新建海水淡化工程	16 500	2020	电力
首钢京唐钢铁公司二期膜法海水淡化工程	10 000	2020	钢铁
浙江石化膜法海水淡化工程（Ⅰ期）	105 000	2020	化工
华能威海电厂海水淡化工程（Ⅰ期）	30 000	2021	电力
浙江石化膜法海水淡化工程（Ⅱ期）	140 000	2021	化工
青岛百发海水淡化厂扩建工程	100 000	2022	市政
河北唐山海港经济开发区海水淡化工程（Ⅰ期）	50 000	2022	工业
山东鲁北高新技术开发区海水淡化工程（Ⅰ期）	50 000	2022	工业
华能董家口电厂热电联产机组海水淡化工程	17 280	2022	电力
浙能六横电厂二期海水淡化工程	12 000	2023	电力
浙江舟山嵊泗县菜园海水淡化厂（Ⅰ期）	10 000	2023	电力
田湾核电站蒸汽供能项目海水淡化工程	39 360	2023	电力
国家能源集团蓬莱电厂海水淡化工程	10 000	2023	电力
浙江乐清电厂三期海水淡化工程	10 000	2023	电力
华电龙口热电联产海水淡化工程（Ⅰ期）	15 800	2023	电力

第三章

海水淡化典型技术路线

国外海水淡化技术的历史可以追溯到 16 世纪，居民开始简单用蒸馏获取淡水。现代意义上的海水淡化技术是在 20 世纪 50 年代发展起来的，最初用于海水淡化的是冻结法、蒸馏法，但到了 60 年代后，这些初级方法弊端明显：规模小及淡化度不够，无法适应饮用及工农业生产的需要。此后，渗析法、反渗透法、闪蒸法得到了快速发展，当前反渗透、多级闪蒸及低温多效技术已占据主导地位，并进入了大规模的产业化阶段。按照国际海水淡化协会（IDA）的统计，目前全世界范围内海水淡化企业超过了 1.7 万家，至少有 3 亿人在不同程度地使用淡化水来满足日常生活之需。

近年来，国内外的海水淡化技术发展日趋成熟，海水淡化产业的规模日益庞大，成本也在不断下降。MED（低温多效蒸馏）和 RO（反渗透）这两项技术是当前国内海水淡化的主流技术。采用 MED 技术的工程项目规模一般较大，最大的项目产能达到 20×10^4 t/d。RO 淡化技术具有应用范围广泛，建设周期短，能量消耗低等优点，规模可大可小，具有较强的灵活性。

一、热法海水淡化

热法海水淡化主要包括蒸馏法和冷冻法。蒸馏法是指通过加热海水使其沸腾汽化、再将蒸汽冷凝成淡水的方法，达到商业用途的主要有多效蒸馏、多级闪蒸和压汽蒸馏，其中多级闪蒸动力消耗较大，在我国应用较少，压汽蒸馏又有被 RO 取代的趋势，故以下主要围绕低温多效蒸馏技术展开详细介绍。

（一）原理和特点

1. 低温多效蒸馏技术原理

低温多效蒸馏是一种在较低的温度和压力下，通过多个串联蒸发器，多次重复利用输入热量的蒸馏技术。每个蒸发器称为"一效"，其在结构上类似于换热管水平布置的管壳式换热器，加热蒸汽在换热管内冷凝，释放出热量，海水则被喷淋到换热管外，吸收热量蒸发出蒸汽。"多效"即多个串联的蒸发器，前一效蒸发出的蒸汽被作为后一效的加热蒸汽，效数越多，蒸发的次数越多，同样蒸汽输入量能够产出的淡水量越大。MED 装置的淡水产量和输入装置的加热蒸汽量之比，一般称为造水比。

MED 的蒸发过程发生在换热管表面，蒸发过程中如何避免海水在换热管表面上结垢是 MED 技术需要考虑的首要问题；MED 最高工作温度一般控制在 70℃以下，通过在低温、低压下蒸馏，避免了硫酸钙等硬垢的生成，同时腐蚀问题也相对减轻。

图 3.1 是低温多效蒸馏海水淡化原理示意图。海水经过冷凝器，冷凝蒸汽为淡水的同时被预热，预热后的海水均匀喷淋分布至各效的换热管上，在换热管壁和管内的蒸汽发生双侧相变换热，管内蒸汽释放出潜热后被冷凝成淡水，管外海水得到热量被蒸发成二次蒸汽，二次蒸汽进入下一效换热管内被冷凝，浓缩后海水依次顺流到末效后排出系统。由于后一效的蒸发温度均低于前一效，因此一定量的蒸汽输入后经过多次蒸发和冷凝，效数越多，造水比越高。在低温多效蒸馏装置中通常配置蒸汽引射器（TVC），利用输入的高压蒸汽引射从某一效内抽出的低压蒸汽，得到混合蒸汽输入首效，以此提高装置的造水比。低温多效蒸馏装置的换热管可以是水平管，也可以是垂直管，蒸发器的效数选择受进料海水温度、首效最高蒸发温度和效间温差影响，一般设计可以选择 4~14 效。

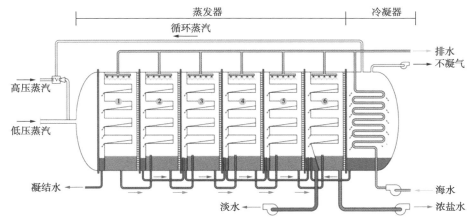

◆ 图 3.1　低温多效蒸馏海水淡化原理示意图

根据海水和加热蒸汽的流向，MED 的工艺流程主要可以分为以下三种：

（1）顺流

顺流指的是进料海水和加热蒸汽均依次从第一效到第二效再到第三效的次序进料。

（2）逆流

逆流指的是进料海水和加热蒸汽流向相反，进料海水从最后一效进入，逐效向前面流动，加热蒸汽从第一效进入，第一效的海水浓度最高。

（3）平流

平流指的是各效单独平行进料，加热蒸汽进入第一效后被冷凝，往后每效均用前一效的二次蒸汽作为热源。

在以上三种流程的基础上，具体工艺设计时可以通过变换进料海水流动方式和各效蒸发器组合形式等来创新流程。

（1）海水预热串联

进料海水通过逐效预热后，进入温度最高的第一效蒸发器内，相邻两效间的浓海水通过浓海水输送泵输送，每一效的淡水通过效间压差逐级自流，并发生闪蒸，闪蒸蒸汽补充至下一效加热蒸汽内。

（2）海水预热并联

进料海水在预热器被预热后，部分海水直接进入对应的蒸发器内，浓海水和淡水依靠效间压差逐效自流。

（3）无海水预热并联

进料海水不经过预热，直接进入蒸发器内，在蒸发器内换热后被加热蒸发汽化。该流程的热效率较低，不会随着效数的增加而增大，因此只适合处理量较小、蒸发器效数较少的海水淡化工程。

（4）逆流串联

该流程将"逆流串联"和"无海水预热并联"组合起来，将蒸发器串联起来分成若干效，进料海水并行进入由两效或者多效蒸发器组成的末效蒸发器中，被加热到沸点，部分海水汽化蒸发，剩余部分的海水在下一组蒸发器内重复加热，蒸发汽化，各效内的淡水和浓海水依靠压差逐效闪蒸。

2. 低温多效蒸馏技术的主要特点

（1）电耗低，可利用低品位余热

MED 需要消耗蒸汽和电能，造水比一般为 8~15，相应的吨水蒸汽消耗为 0.067~0.125 t/m³ 淡水，吨水电耗一般为 0.8~1.5 kW·h/m³ 淡水。

MED 可利用低品位余热，一般情况下，压力不低于 25 kPa（a）的蒸汽，温度不低于 90℃的热水均可作为 MED 的热源。

（2）传热系数、热效率高

MED 的传热过程是沸腾和冷凝换热，是换热管双侧相变过程，因此换热系数很高，能够减少设备换热面积。同时效间温差可以很小，30 ℃左右的温差可以设计 12 效以上的设备，进而可以达到较高的造水比。

（3）产品水品质好

MED 产品水为蒸馏水，产品水品质好，TDS（总溶解固体）一般为 1.5~4.5 mg/L。

（4）出力调节灵活

MED 装置的产水量一般可以根据用水需求，在 50%~110% 出力范围内任意调整。

（5）预处理要求低

MED 对进水水质要求较低，一般悬浮物小于 300 mg/L 的进水均可接受，多数情况下可以不设预处理，如沧东 1.25×10⁴ t/d MED、沧东 2.5×10⁴ t/d MED、爪哇 2×4 000 t/d MED 均未设预处理系统。

（6）化学加药少，结垢倾向低，化学清洗周期长

由于 MED 多数可以不设预处理，故化学加药较少，一般只需要阻垢剂和消泡剂，如前端做了加氯杀生，则还需要还原剂。

MED 设备结垢相对较轻，且以碳酸钙等软垢为主，一般可以两年或更长时间进行一次酸洗。

（7）水温适应范围宽

MED 对原水温度没有特殊要求，–1.5~40 ℃均可正常运行，水温适应范

围宽。

（8）设备寿命长

MED 设备中绝大部分使用金属材料，设备残值高，寿命周期长，设计寿命一般为 30 年。

（9）国产化水平高

MED 技术主要设备，包括高性能蒸汽喷射器（TVC）均已实现完全国产化。

（10）设备操作维护简单，运行稳定可靠

MED 系统较为简单，大部分为静态设备，转动设备少，需要定期更换的零部件少，运维工作量小，对运维人员操作水平要求低，运行稳定可靠。

（11）低温多效蒸馏技术的应用场景

MED 需要蒸汽或热水等热源，主要用于电力、化工、钢铁等行业企业，特别适合于有低品位余热的工业企业。

（二）技术路线

低温多效海水淡化系统一般包括工艺主设备、辅助工艺设备、电气与控制系统等部分。原海水通常不需要预处理，在 TSS（总悬浮物）≤ 50 mg/L 或短期 <300 mg/L 的情况下可以进入海水淡化系统。海水进料方式一般采用平流或分组逆流。蒸发器效数可以采用 4~14 效，具体根据热源和设备价格水平优化确定，造水比一般为 8~15。与火力发电厂结合的 MED 制水蒸汽汽源常选用汽轮机的中压缸排汽，也可采用汽轮机五段或六段抽汽；有 90 ℃以上的热水时，也可以热水为热源；蒸汽压力在 0.1 MPa（g）以上时，可通过蒸汽喷射热压缩器（TVC）充分利用蒸汽能量提高系统造水比。MED 设备在真空条件下蒸发海水，需要设置抽真空系统排除蒸发过程中释放和泄漏的不凝性气体，大型设备的抽真空系统一般采用射汽抽气式，小型设备的抽真空系统可以采用水环泵式。MED 系统一般设置换热器，利用盐水热量对给料海水进行预热，即使水温低至 0 ℃以下，也可将海水预热到需要的温度，保证在低水温情况下 MED 系统仍能正常运行。热法海水淡化系统原理图如图 3.2 所示。

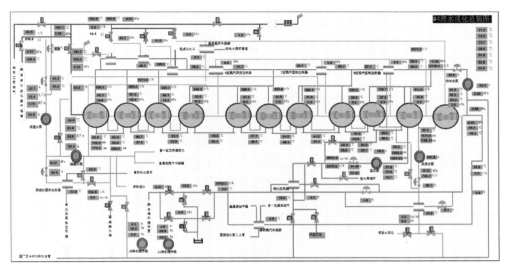

◆ 图 3.2　热法海水淡化系统原理图

1. 工艺主设备

低温多效蒸馏海水淡化工艺主设备包括蒸发器、蒸汽热压缩器（TVC）、凝汽器、回热加热器。热法海水淡化系统设备如图 3.3 所示。

◆ 图 3.3　热法海水淡化系统设备

（1）蒸发器

蒸发器是海水淡化装置的核心换热设备，是多个工作于真空状态下的横管降膜换热器，其中每一个换热器称为 1 效，为 1 个单独凝结、蒸发单元。这是低温多效蒸馏海水淡化装置名称的由来。

海水淡化蒸发器是一种特别设计的管式换热器，换热管内外都是相变换热——加热蒸汽在管内放热凝结,海水在管外靠重力降膜流动蒸发,可以高效地实现 2~4 ℃的小温差换热,低的产品水单位电耗。

热法海水淡化蒸发器结构设计如图 3.4 所示。

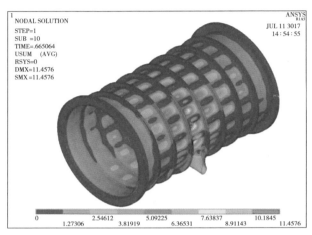

◆ 图 3.4　热法海水淡化蒸发器结构设计

热法海水淡化蒸发器如图 3.5 所示。

◆ 图 3.5　热法海水淡化蒸发器

（2）蒸汽热压缩器（TVC）

蒸汽热压缩器（TVC）利用动力蒸汽的压力能抽取蒸发器后端某一效的低压蒸汽,经混合压缩,提高低压蒸汽压力和温度,形成满足工艺要求压力和温度的蒸汽,输送至蒸发器的第一效作为加热蒸汽,从而减少动力蒸汽消耗量,同时减少了系统末端凝汽器的负荷,减少热量排放损失。

　　TVC 是低温多效海水淡化装置中的重要部件之一，技术性能优劣直接关系整套装置的稳定性和经济性。蒸汽热压缩器在与装置参数相匹配的基础上，设计选择较高的引射系数值，以获得最佳的装置热力性能和高的造水比。

　　TVC 流场模拟马赫云图如图 3.6 所示，TVC 设计结构图如图 3.7 所示。

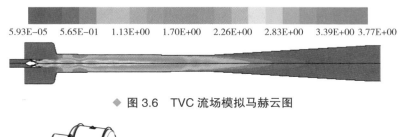

5.93E−05　5.65E−01　1.13E+00　1.70E+00　2.26E+00　2.83E+00　3.39E+00 3.77E+00

◆ 图 3.6　TVC 流场模拟马赫云图

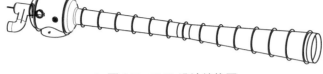

◆ 图 3.7　TVC 设计结构图

（3）凝汽器

　　凝汽器通常配置强制循环表面式凝汽器，设置在蒸发器末效附近，用于冷凝末效海水蒸发产生的二次蒸汽，同时预热蒸发器物料水。

（4）回热加热器

　　用于在平行进料流程的工艺系统中抽取部分效海水蒸发所产生的蒸汽加热物料水，提高物料海水温度，以获得更好的综合性能。通常采用与凝汽器类似的强制循环表面式列管换热器。

　　2. 辅助工艺系统

（1）加热蒸汽系统

　　加热蒸汽系统用于向蒸发器提供蒸汽。

　　由海水淡化站厂区蒸汽母管供至蒸汽喷射压缩机（TVC）前，作为蒸汽喷射压缩机（TVC）的动力蒸汽。在蒸汽进入海水淡化设备管道上设蒸汽关断阀，保证海水淡化设备和供汽母管的隔离。

　　TVC 前设置一级减温器，以保持进入 TVC 的蒸汽温度。TVC 后设置二级减温器，对 TVC 出口蒸汽进行二次喷水减温。减温水来自蒸发器第一效凝结水，由减温水泵提供。

（2）真空系统

低温多效海水淡化设备设置抽真空系统，用于排放海水蒸发过程产生的不凝结气体（NCG）和设备运行中漏入的空气，维持蒸发器工作在负压真空状态。

（3）凝结水系统

凝结水系统用于排出第一效的凝结水，并向加热蒸汽系统提供减温水。

凝结水冷却器冷却水来自冷却海水系统，排入冷却海水排放总管。

由于凝结水中含有少量联氨，而海水淡化产品水作为饮用水，不允许含有联氨，故如果产品水作为饮用水，第 1 效加热蒸汽凝结水和以后各效的成品水应分开回收，形成单独的凝结水系统。凝结水经冷却器换热减温后输送至海水淡化区域凝结水储水箱，凝结水水质不合格时，排放至冷却水排放母管。

（4）冷却海水系统

冷却海水系统用于向海水淡化设备凝汽器提供冷却水，冷凝末效蒸汽；向物料水系统提供物料水；提供成品水和凝结水的降温用水。

在夏季，当冷却海水温度高于设计温度时，为维持设备的正常压力、温度，需要增加冷却水量，需关闭海水预热器，物料水消耗不掉的冷却水由凝汽器后的排水调节阀控制排放。

（5）物料水系统

物料水系统用于向蒸发器各效提供物料水，提供凝结水回热加热器和抽真空冷凝器的冷却用水。

（6）成品水系统

成品水系统用于将海水淡化装置成品水汇集，成品水经成品水冷却器换热减温后进入海水淡化区域淡水储水箱，成品水水质不合格时，排放至冷却水排放母管。

（7）盐水排放系统

盐水排放系统用于将各效喷淋蒸发浓缩的浓盐水汇集排放，同时回收利用浓盐水的部分热量加热冷却海水。

（三）产水后处理和浓盐水的处理

1. 产水后处理

低温多效蒸馏法海水淡化的产品水总溶解性固体（TDS）的含量小于 5 mg/L。产品水主要有两种用途，一是作为生活用水，二是作为电厂锅炉补给水等工业用水。

淡化产品水作为生活用水时，宜对产品水进行后处理。一方面需要确保产品水不会对市政供水输配管网、用水设备造成腐蚀，另一方面需要保证产品水水质能够满足人体健康需要，符合国家或国际标准的要求。

淡化产品水后处理工艺包括矿化、加氟、pH 值调节和消毒几个处理单元。矿化常用的方法有投加消石灰和碳酸钠等。蒸馏淡化产品水中几乎不含氟，加氟常用的添加剂包括氟化钠、氟硅酸钠等。淡化产品水 pH 值调节需结合矿化单元综合考虑，达到提高消毒效果、控制腐蚀和满足饮用水水质标准要求的目的。为确保淡化产品水的稳定性和安全性，进行消毒处理是必不可少的。常用的消毒方法分物理方法和化学方法。物理方法包括机械过滤、加热、冷冻、辐射、微电解、紫外线和微波消毒等，化学方法包括氯、二氧化氯、臭氧、氯胺等。

低温多效蒸馏法淡化产品水作为锅炉补给水时，需要经过离子交换除盐处理，但由于蒸馏产水水质较好，一般 TDS 小于 5 mg/L，可以直接作为混床的进水。

2. 浓盐水的处理

低温多效法产生的浓盐水含盐量一般是原海水的 1.4~2 倍，按照业主需求也可以做到 3 倍（如天津北疆电厂），一般采用两种处理方法。

一是直接或间接排海，该方法投资运行成本较低，工程量小，但是需要考虑对海洋环境的影响。高浓度的浓盐水及淡化过程中引入的化学物质可能会对排放口的海洋生物造成危害，同时浓盐水快速沉入海底会危害敏感的深海环境，因此需要确保浓盐水可以快速合理地分散开来。结合排放地的物理或地理环境以及操作和投资费用，目前有 3 种主流的直接排海方式：①通过地表沟渠直接排入近海流域，该方式施工难度小、工程造价低，但要求所排入的近海流域有较大的潮汐水体交换量和潮间带的盐度输送能力；②通过新建排水管道和扩散器将浓海水引入远海排放，该方式适用范围广、受外界因素影响小、排放效果好，缺点是造价成本高、施工周期长、施工难度大等；③利用现有的排水系统进行排放，该方式仅适用于有合建电厂或水厂建设点附近有现存电厂的项目，优点是无需再新建排水装置、可有效降低投资成本，缺点是水厂运行的独立性和灵活性较差。

二是资源化利用。海水淡化副产物浓盐水中化学资源包括盐（氯化钠）、镁盐、钾盐和溴四大主体要素，这些是我国化学工业的基础原料和重要产品。浓盐水中的化学物质经过浓缩，同时温度、流量等参数稳定，提取浓盐水中化学资源比直接从海水中提取成本更低。浓盐水利用方式可分为海水晒盐和化学元素提取两类。浓盐水晒盐可以有效减少盐田面积，缩短晒盐周期；同时还可以进行资源化利用，充分提取浓盐水中的化学元素。图3.8是浓盐水资源化利用的具体路径。通过不同的工艺可以实现浓盐水中化学资源的充分利用，产生较好的循环经济效益。

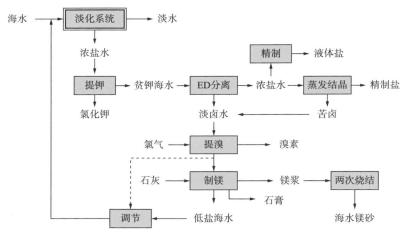

◆ **图3.8　海水淡化副产物浓盐水综合利用工艺流程**

二、反渗透膜法海水淡化

（一）原理和特点

1.反渗透膜法技术原理

海水淡化的反渗透法是在渗透压力驱动下，水分通过半透膜进入膜的低压侧，而溶液中的盐分被阻挡在膜的高压侧，并随浓缩水排出，从而达到有效分离的过程。反渗透海水淡化技术主要利用的是反渗透膜的选择透过性，从而实现对海水中淡水的富集。这一过程不涉及相变，一般也不需要加热。渗透和反渗透原理示意图如图 3.9 所示。

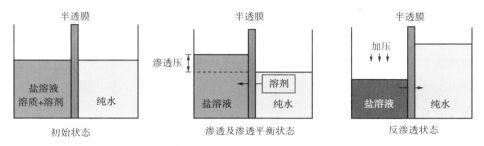

◆ 图 3.9　渗透（中）和反渗透（右）原理示意图

2. 反渗透膜法技术的主要特点

（1）过程为无相变，能耗低

反渗透过程是利用半透膜的选择透过性将海水中的水分和盐分分离，该过程无相变，一般不需要加热，工艺过程简单，能耗低。

（2）工程投资及造水成本较低

在无廉价热源、不适用热法淡化海水时，反渗透法具有较大优势。

（3）装置紧凑，占地较少

反渗透膜法海水淡化装置紧凑，占地面积较小，并且建造周期短，操作和维修方便，系统容易拓展。

（4）应用范围广泛

反渗透海水淡化适用范围广泛，可处理水源为海水、苦咸水，甚至包括中水、部分无机工业废水，淡化规模涵盖大、中、小型。

（5）反渗透的预处理要求严格，反渗透膜需要定期更换

反渗透膜受水质波动影响较大，因而入水需要进行预处理，但在现有技术条件下，采用更高效的能量回收装置或提高水回收率，都有助于降低单位产水的能耗。经过近几年的发展，成套设备制造能力越来越强，应用规模越来越大，制水成本也日趋下降。反渗透膜使用寿命一般为 3~5 年。

（6）在海水温度低的情况下需加热处理，如无可利用热源加热海水，其制水

海水淡化

成本将大幅提高。

（二）技术路线

反渗透系统一般包括预处理系统、高压泵、反渗透装置、能量回收装置等部分。原海水从取水口取出后，根据不同水质进行相应预处理，预处理合格后的海水用高压泵加压送入反渗透装置，其中透过反渗透膜的水经收集再经过适当的后处理送入管网系统供用户使用，未能透过反渗透膜的高压浓盐水则进入能量回收装置以回收压力能（图 3.10）。

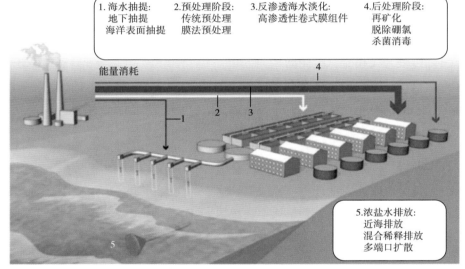

◆ 图 3.10　反渗透海水淡化流程（图自《膜科学与技术》，2017 年 12 月第 37 卷第 6 期）

反渗透膜法海水淡化系统图如图 3.11 所示。

1. 预处理系统

海水淡化预处理的主要目的是去除进水中的悬浮固体、细菌、微生物及大颗粒有机物质，调节进水 pH 值和水温，防止金属氧化物及微溶盐的沉淀等，保证进水满足反渗透单元进水的要求。反渗透膜对进水水质要求较高，大多数反渗透膜厂家提出，海水进入反渗透系统要求的主要净化指标如下：

反渗透系统进水 SDI（污染指数）不超过 5，以低于 3 为佳；

保证进水浊度低于 1.0NTU，以小于 0.2 为佳；

◆ 图 3.11 反渗透膜法海水淡化系统图

水中余氯需低于 0.1 mg/L ；

尽可能减少导致膜污染或劣化的化学物质；

水温在 5~45 ℃之间。

反渗透技术实际运行过程中，预处理工艺对海淡效果影响巨大。反渗透膜的更换周期一般为 3~5 年，如果预处理运行良好，可使膜寿命延长至 7 年左右，大幅度降低换膜费用。反之，不合适的预处理工艺选型不仅会损害反渗透膜，甚至会导致全厂瘫痪，换膜费用增加。

目前预处理技术包括混凝、沉淀、气浮、过滤等常规水处理技术和膜法预处理技术等。国内常规水处理工艺技术有：高密度澄清池类，高效混凝沉淀池类，卧式过滤器，组合工艺如气浮 – 沉淀池、气浮 – 滤池等。主要预处理工艺比较见表 3.1。

表 3.1　常规海淡预处理工艺比较

项目	高密度澄清池	高效混凝沉淀池	气浮 – 沉淀池	气浮 – 滤池	卧式双介质过滤器
原理	澄清 + 污泥回流	斜管 + 重载介质	气浮澄清 + 加压水回流	上层气浮 + 下层过滤	双介质过滤，浅层过滤
出水水质	SS<20 mg/L	SS<20 mg/L	SS<10 mg/L	SS<5 mg/L	浊度 <1 NTU
运行管理	简单易操作	简单易操作	简单易操作	运行管理复杂	简单易操作
运行费用	较高	低	低	较高	低
抗冲击负荷	好	好	好	较差	好
施工量及占地	流速高，占地小；池体复杂、深，土建投资高，施工难度大	方形池，池体浅，占地较小；施工量小且简单	流速高，占地小；池体复杂、深，土建投资高，施工难度大	占地小；池体复杂，施工难度大	占地较大；施工量小且简单
药剂	采用混凝剂铁盐及助凝剂 PAM，投加量相对较大；PAM 可能穿透滤池，导致 RO 的污堵	采用混凝剂铁盐，可以不用助凝剂或极少量助凝剂	采用铁盐或铝盐作为混凝剂，可以不用助凝剂或极少量助凝剂	采用混凝剂铁盐及助凝剂 PAM。气浮效果与加药量直接相关，较难控制；进水浊度的变化和加药量直接影响滤池的运行效果	无需药剂

由表 3.1 海淡预处理工艺对比分析，可得出如下结论：

（1）五种工艺均能满足超滤膜进水水质要求，以卧式双介质过滤器出水水质最优。

（2）气浮 – 沉淀池和卧式双介质过滤器耗电量相对较低，气浮 – 滤池运行管理复杂。

（3）除气浮 – 滤池外，其余四种工艺均具有较高的抗冲击负荷能力；高密度澄清池对低温低浊水有较好的处理效果；气浮 – 沉淀工艺对温度低、浊度低、含藻量高的原水有较好的处理效果。

（4）卧式双介质过滤器无需加药；气浮 – 沉淀池和高效混凝沉淀池仅需投加混凝剂，助凝剂投加量较少或可不加；高密度沉淀池加药量大，易发生药剂过量现象且投加的助凝剂有穿透超滤膜的可能；气浮 – 滤池的气浮效果与加药量直接相关，较难控制。

　　膜法预处理主要包括微滤（MF）、超滤（UF）和纳滤（NF）三种。

　　微滤（MF）是一种以压力为驱动的膜分离技术，它可将悬浮物、细菌、部分病毒及大尺寸胶体分离，微滤膜的孔径一般为 0.05~5 μm。采用微滤进行预处理具有对水质波动适应性强、占地面积小等优点。天津膜天膜工程技术有限公司自主研制的连续微滤工艺产水水质浊度 ≤ 0.1 NTU，SDI ≤ 3，保证了反渗透膜的进水水质。

　　超滤（UF）是一种能够将溶液进行净化、分离或者浓缩的膜法分离技术，超滤膜的孔径范围为 0.01~0.1 μm，介于纳滤和微滤之间，可直接去除病毒、病原体及有机大分子，胶体硅去除率可达 99%。其具有抗胶体污染和有机污染性能强、膜的机械性能稳定等特点，使用寿命可达 5~7 年。采用超滤进行反渗透的预处理时，反渗透产水量可提高 10%~20%，膜平均寿命可提高 2~3 年。超滤膜具备低廉的价格及良好的处理效果，被广泛应用于海水淡化预处理领域。

　　纳滤（NF）是自 20 世纪 80 年代末开始发展起来的一种新型的介于超滤和反渗透之间的膜分离技术，纳滤膜的孔径大小约为 1 nm，在超低压下（0.1 MPa）仍能工作，并有较大的通量。纳滤膜的特点是对 Ca^{2+}、SO_4^{2-} 等二价离子有很高的去除率，可用于水的软化，而对一价离子的去除率较低。纳滤膜对有机物有很好的去除效果，故在微污染水源的饮用水处理中有广阔的应用前景。海水淡化与纳滤结合可以降低海水的硬度，还可以降低进入反渗透膜组件的海水盐度，提高海水淡化回收率。

　　预处理方法的选择主要取决于来水水质和处理水的用途。目前，国内海水淡化项目的预处理工艺主要为以下三种基本组合工艺。

　　一是直接混凝 + 机械过滤。该预处理组合工程较简单、占地省、过滤面积大，设备结构简单、操作难度不大，但处理效果较差，主要用于去除来水大颗粒悬浮物、藻类和浊度等，一般用于来水水质较好的中小规模项目。运行此预处理工艺具有代表性的大型项目是山东石岛工程，项目地点位于胶东半岛南岸，设计规模 5 000 m^3/d，预处理仅用机械过滤。

二是反应沉淀池 + 机械过滤。海水淡化原水采用比较浑浊的水时一般会设置反应沉淀池，通过反应沉淀池的絮凝、沉淀，将大颗粒悬浮物质去除掉，然后进入机械过滤去除较小的悬浮物质后再进入后续膜单元。早期的海水淡化项目多采用这种工艺，如华能威海电厂项目，其设计规模 2 500 m³/d，为海边发电厂解决缺水问题找到了一条合理化道路。

三是反应沉淀池 + 超滤（微滤）。超滤是在较高膜通量下运行的膜过滤技术，其可制备出的水质，明显高于多介质过滤产水，是一种行之有效的海水淡化前处理技术。华能玉环电厂、乐清电厂及天津十万吨项目均运行超滤（微滤）作为预处理工艺。在项目应用中，超滤（微滤）具有占地面积小，产水浊度和 SDI_{15} 易控制等诸多优点，是海水淡化预处理工艺的首选。

可选用的具体海水预处理工艺流程如下：

当海水符合第一类《海水水质标准》（GB 3097），常年有机物含量较低，浊度 <5 NTU 时，可采用微絮凝滤料或中空纤维超滤膜过滤工艺作为海水预处理工艺（图 3.12、图 3.13）。

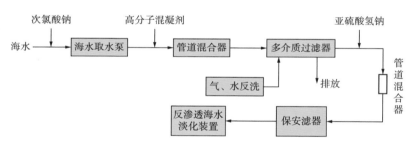

◆ 图 3.12　海水预处理工艺流程（1）（图自化学工业出版社《海水淡化技术与工程》）

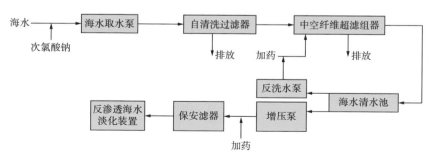

◆ 图 3.13　海水预处理工艺流程（2）（图自化学工业出版社《海水淡化技术与工程》）

当海水浊度 >10NTU 时，宜先用混凝沉淀和二级滤料过滤的海水预处理工艺。

海水预处理量较小时，可采用以下预处理工艺（图 3.14）。

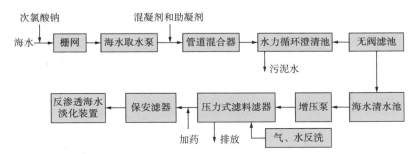

◆ **图 3.14 海水预处理工艺流程（3）**（图自化学工业出版社《海水淡化技术与工程》）

海水预处理量较大时，可采用以下预处理工艺（图 3.15、图 3.16）。

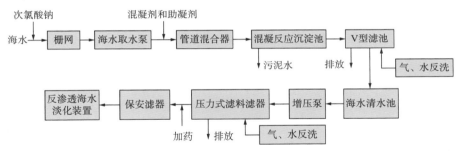

◆ **图 3.15 海水预处理工艺流程（4）**（图自化学工业出版社《海水淡化技术与工程》）

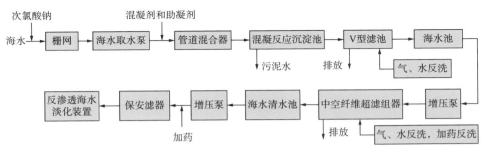

◆ **图 3.16 海水预处理工艺流程（5）**（图自化学工业出版社《海水淡化技术与工程》）

2. 高压泵

高压泵（图 3.17）的作用是提供后续反渗透所需的压力，是反渗透过程中的关键部件，其性能好坏直接影响到过程的进行和经济性。目前使用的高压泵主要有往复式容积泵、多级离心高压泵和高速离心泵三种。

◆ 图 3.17　海水高压泵

（1）往复泵：为正位移泵，扬程高、效率高（达 80% 以上），但流量不稳，主要应用于高扬程和小流量的场合，如实验室和小型海水淡化装置等。大容量的往复泵，其机械效率可高达 90%~94%，对于电价较高的海区，选用往复泵是经济的。除了效率比离心泵高外，往复泵还有一个优点，即出水量比较恒定，不像离心泵的出水流量随压力增大而降低；但往复泵出水压力有脉冲，不像离心泵那样稳定，在其进水口或排水管路上必须安装缓冲器（或称稳压器）。

（2）多级离心泵：结构简单、安装方便、体积小、重量轻、易操作维修、流量连续均匀，且可用阀门方便地对其流量进行调节，效率在 60%~85%。

（3）高速泵：是一种高扬程、高转速的泵品种，它具有体积小、质量轻、结构紧凑、占地面积小、流量连续均匀、维修方便等优点，但其对加工精度要求高，效率偏低（约 40%）。

3. 反渗透装置

反渗透装置的作用是除去海水中绝大部分的盐，是反渗透过程中的核心部分，由基本单元——组件以一定的配置方式组装而成，组件的尺寸可大可小，以适应不同规模的装置要求和不同的应用。商品化的组件主要有卷式、中空纤维式、板框式和管式四种基本形式。对膜组件设计和制作的要求是：

①膜高压侧的进水与低压侧的产水之间有良好的密封；

②膜的支撑体（片状或管状膜）或膜本身（中空纤维膜）能承受高的工作压力差；防止进水与产水之间以及进水产水这些液体与外界之间的泄漏，避免进水与产水间过大的压差；

③膜流道是设计的关键考虑因素，要根据水力学条件和膜的性能研究确定范围，应用中再结合过程参数最佳化；要有好的流动状态，降低浓差极化度，以防止膜表面盐的积累和污染；

④有高的填充密度，膜便于更换，以降低设备费用；同时应扩大规模、高质量地制备和装配等。

四种基本形式中板式和管式是早期开发的两种结构形式，由于膜填充密度低、造价高、难规模化生产等，仅用于小批量的浓缩分离等方面；卷式和中空纤维式组件由于其填充密度高、易规模化生产、造价低、可大规模应用等特点，是反渗透水处理中主要的结构形式。

一台反渗透装置的组件数少至一个，多至几个、几十个，甚至更多。为满足对产水的不同量和质的要求，多数海水淡化系统需采用多个组件。多组件装置有三种基本的组件配置类型。

（1）多组件并联单段（级）反渗透装置

这种装置与单组件装置无太大区别，所不同的是增加了并联组件数和增设了进、出并联组件的母管（图3.18），常用于海水的一级淡化。

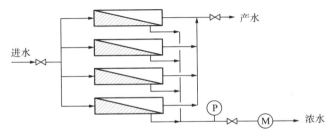

◆ **图3.18　多组件并联单级反渗透装置**（图自化学工业出版社《海水淡化技术与工程》）

（2）分段（浓水分级）式反渗透装置

这种装置是将多组件并联的第一段的浓水作为第二段的进水，第二段的产水与第一段的产水合并为装置的产水，第二段浓水排放（图3.19）。适用于在反渗透产水满足水质要求的前提下提高回收率的应用场合。

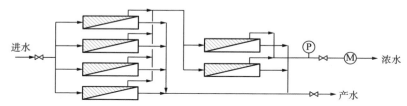

◆ 图 3.19 分段式反渗透装置（图自化学工业出版社《海水淡化技术与工程》）

（3）分级（产水分段）式反渗透装置

这种装置是将多组件并联的第一级的产水作为第二级的进水，第一级浓水排放，第二级的产水就是装置的产水，由于第二级浓水的含盐量低于装置的原始进水，将其返回与原始进水混合作为第一级进水。该装置与分段式类似，所不同的是第一、二级间设置中间水箱和中间水泵。实际上可视为两个分段（或单段）式装置的串联（图3.20，图3.21）。适用于海水的二级淡化，此时装置的第一、二级分别采用海水元组件和苦咸水元组件，这是因为第二级的进水的含盐量通常<1 000 mg/L，故回收率可高达90%。

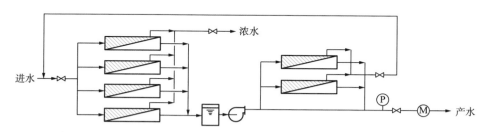

◆ 图 3.20 分级式反渗透装置（图自化学工业出版社《海水淡化技术与工程》）

4. 能量回收装置

反渗透过程中，相当部分能量因浓缩水的放空而没有利用，特别是海水淡化中，60%~70% 的能量没有利用，所以从节能和经济性等方面看，能量回收是十分重要的。

◆ 图 3.21　反渗透装置

　　能量回收装置的作用是把反渗透系统高压浓海水的压力能量回收再利用，从而大幅降低制水能耗和成本，按照工作原理主要分为水力涡轮式和功交换式两大类。水力涡轮式能量回收装置中能量的转换过程为"压力能 – 机械能（轴功）– 压力能"，能量回收效率为 35%~70%。功交换式能量回收装置中能量转换过程为"压力能 – 压力能"，能量回收效率高达 90% 以上。

　　目前反渗透法海水淡化技术研发的重点在于提高膜的可靠性，开发具有如强抗结垢性等更优性能的新膜，提高水通量、脱盐率，降低操作压力和提高能量回收装置的效率等。

（三）产水后处理和浓盐水的处理

1. 产水后处理

　　与蒸馏海水淡化法不同，反渗透淡化不是对海水中各离子组分的等比例脱除，而是对其进行选择性脱除的过程。反渗透膜对钙离子、镁离子、硫酸根离子等高价离子的截留率比单价离子高。此外，反渗透膜基本不能脱除海水中的二氧化碳，这些二氧化碳透过膜元件到达产水侧后，会在水中重新转化成碳酸氢根离子；根据水中碳酸盐的平衡关系，碳酸根离子、碳酸氢根离子和二氧化碳的平衡浓度随 pH 值的变化而变化，芳香族聚酰胺膜对碳酸氢根离子的截留率会随着进水 pH 值的升高而下降。

反渗透产品水的离子组成很大程度上取决于以下因素：

①膜的性能（脱盐率）；

②反渗透膜通量；

③操作压力；

④原水含盐量；

⑤运行时间和膜污堵情况。

另外，反渗透淡化水的组成还取决于工艺参数。反渗透系统的回收率和操作温度是对淡化水氯化物浓度和含盐量影响较大的两个参数。淡化水的含盐量会随进水温度、系统回收率的升高而增加。

总体而言，反渗透法淡化的产品水总溶解性固体的含量为 200~300 mg/L，硬度和 pH 值较低，硼含量较高。需要根据饮用水或工业用纯水的水质要求，进一步对淡化水进行硬度、pH 值调整和脱硼以及深度脱盐。可采用原水掺混、投加化学药剂、离子交换等方法进行硬度和 pH 值的调节；使用脱硼树脂等方法进行除硼；增设二级反渗透淡化工艺，或使用离子交换和电除离子等技术进行深度脱盐。

2. 浓盐水的处理

反渗透法产生的浓盐水含盐量一般是原海水的 1.5~2 倍，有三种处理方法。

一是直接或间接排海，该方法施工简单、投资运行成本低，但须严格控制排放标准，以免造成环境危害。主流排海方式与热法部分相同。

二是回收作为生产用水。反渗透的浓盐水作为预处理装置的反洗用水，可以提高整个系统的水利用率、降低原海水取水量和淡水吨水制造成本。

三是资源化利用和蒸馏浓缩。浓盐水可用于制盐，能减少盐田占地面积、缩短晒盐周期，还可制盐、制碱、提溴、镁、钾、锂、铀、碘和用于海产品养殖等，资源化利用路径可参考图 3.22；蒸馏浓缩是对浓盐水进一步进行回收甚至结晶化，以降低废水排水量，实现近零排放的目的，但该方式投资和运行成本高，经济效益不大。

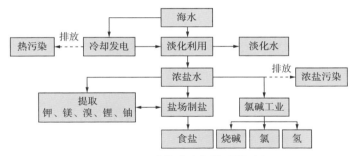

◆ 图 3.22 浓海水资源化利用路径

三、热膜耦合海水淡化

（一）原理和特点

1. 原理

热膜耦合海水淡化技术建立在热法和膜法海水淡化技术基础之上，是将热法系统与膜法系统通过集成方式结合成耦合系统，通过优化工艺和合理分配热法与膜法系统来提高海水淡化经济性的优化技术。

2. 特点

耦合系统所产淡水品质要高于独立膜法系统产水，制水成本及运行维护费用较独立的热法海水淡化系统要低，能达到更好地利用海水和热量、减少进料海水流量及排放热量、降低产水浓度的目的。同时也能在很大程度上降低系统的投资成本和运行成本，减少海水淡化制水成本和能耗，具有更为可观的经济效益。

（二）技术路线

热膜耦合海水淡化技术主要集成方式如下：

1. 改善热法与膜法海水淡化单元的进排水方式

将热法单元所排放的浓盐水与冷却水混合送入膜法单元作为膜法的进水，这样不仅提高了热法海水的利用率，避免了热法单元浓盐水的排放，而且提高了膜法单元进料盐水的温度，大大增加了反渗透膜的膜通量，有利于降低膜法系统能耗。或者将热法蒸馏淡化的温排水（浓盐水、产品水）通过传热管换热的形式预热反渗透系统进水，提高反渗透系统的进水温度。当原海水温度低于 15 ℃时，能够有效提升反渗透系统运行效率。

若将纳滤处理和淡化水系统结合起来，将会提高系统的产水效率。如将纳滤技术作为预处理降低海水中的钙、镁离子浓度，降低了后续处理的结垢风险，热法和膜法的产水率均可提升。同样地，如海水经 MED 淡化获取淡水的同时，浓盐水经纳滤处理去除钙、镁离子，再经 RO 淡化，获取淡水的同时，浓盐水供综合利用（图 3.23）。

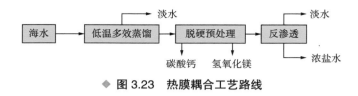

◆ **图 3.23　热膜耦合工艺路线**

2. 系统产水角度进行热膜耦合

将热法单元的产水与膜法单元的产水相混合，通过配比两种海水淡化单元的产水来进行分质供水。由于热法单元产水的含盐量较低，通常低于 4 mg/L，膜法单元含盐量较高，一般为 400~600 mg/L，将两单元的产水按一定的比例混合便能平衡产水含盐量，根据需求得到不同浓度的产水，该耦合方式还能降低热法单元产水的温度，且膜法单元产水含硼量比较高，将热法单元产水与膜法单元产水混合便能省去脱硼工艺，降低系统投资。

3. 膜法单元作为热法单元的预处理系统

优势：改善热法单元进水水质，未经预处理的进料海水中含有大量的易结垢离子，易损坏海水淡化系统装置。膜法产水作为热法进水提高了热法进料海水温度，有利于热法系统的产水能力和造水比的进一步提高，提高了海水淡化系统产水能力。

4. 利用水电联产发电机组进行热膜耦合

如将 MED–RO 用于热电联产海水淡化：MED 利用火电厂抽汽作为低温多效蒸馏海水淡化系统的加热蒸汽，RO 利用电厂产电来进行海水淡化，不仅能够使发电系统与产水系统匹配良好，还能提高发电机组热效率和海水淡化系统的经济性。

热膜耦合－水电联产工艺路线如图 3.24 所示。

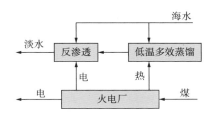

◆ 图 3.24　热膜耦合－水电联产工艺路线

四、技术路线选择

近 10 年来，反渗透膜法海水淡化发展趋势较快，而且出现了日产万吨级的大型海水淡化装置，同时在国际上，热法海水淡化也占较高比例，全国海水淡化工程技术应用情况分布见图 3.25。热法和膜法各有特点，下面对热法和膜法海水淡化的技术经济性进行对比分析。

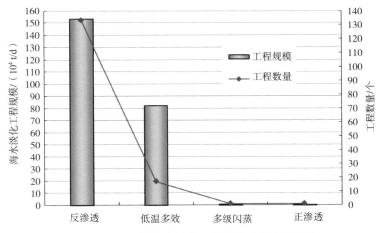

◆ 图 3.25　全国海水淡化工程技术应用情况分布
（图自《2022 年全国海水利用报告》，2023 年 9 月）

（一）工艺对比

热法和膜法海水淡化工艺仍在继续改进，热法淡化重点在设备的耐腐蚀性、结垢控制及降低能量消耗、制造成本等方面进行改进；反渗透法重点提高膜的可

靠性,提高水通量,降低操作压力,并开发具有更好性能的新膜和减缓膜衰减的新方法。两种技术的主要差别如下:

1.对原料水量的需求

热法海水淡化工艺对原料海水的需求波动较大,在水温较低的情况下,对原海水的需求量为产水量的2~3倍;在夏季水温较高的情况下,对原海水的需求量超过产水量的4~6倍。

反渗透工艺对原料海水的需求量比较稳定,一般为产水量的3倍左右。

2.原水水质波动对系统的影响

热法工艺对原料水水质波动的承受能力较强,原料水水质波动一般不会影响装置的正常运行。

反渗透工艺对原料水水质波动的承受能力较差,尤其当海水富营养化、受油污污染时,系统容易受到污染,从而导致工程不能正常运行。

3.装置启动速度

蒸馏装置的启动速度较慢,从预热到装置稳定运行一般需要几个小时;反渗透装置启动快捷,一般需要几分钟到十几分钟。

4.对低温海水的承受能力

蒸馏装置对低温海水的承受能力较强,只要海水温度高于冰点,就可以供装置使用。反渗透工艺对海水温度敏感,一般来讲,海水温度降低 1 ℃,系统产量将降低 2%~3%。当海水温度低于 5 ℃时,反渗透系统无法正常运行,需对低温海水进行加热。

5.产水水质

热法产品水的含盐量一般小于 10 mg/L,经混床或 EDI 处理就可以作为高压锅炉补水;反渗透工艺产品水需经过二级反渗透处理后才可以达到蒸馏装置产品水的水质。

6.产量的可调节性

蒸馏装置产水可调性强,可以在额定值的 40%~110% 内稳定运行;反渗透工艺不宜过分降低产水量,以避免反渗透膜受到污染。

7. 系统稳定性

蒸馏装置对环境的适应能力强，故障率低，维护工作量小；反渗透工艺对环境相对敏感，故障率和维护工作量相对偏高。

（二）经济分析

1. 热法海水淡化的成本构成

（1）成本构成

热法海水淡化制水成本由蒸汽费、电费、药剂费、折旧费、修理费、人工费、财务费等几部分构成，具体取决于装置规模、项目投资费用、造水比、煤价、利用率、折旧年限、贷款条件等多方面因素，详细说明如下：

a. 装置规模和项目投资费用

热法海水淡化装置单机规模目前国内最大的为 3.5×10^4 t/d，国外最大的为 6.8×10^4 t/d，吨水投资一般在 0.7 万 ~1.2 万元 /（t/d），一般大型装置的投资相对较低。

b. 蒸汽价格

蒸汽价格主要取决于煤价，以往计算蒸汽价格主要采用热量法和实际焓降法，随着计算水平的发展，目前更为合理的方法是比较有抽汽和无抽汽情况下燃煤耗量的变化，可将等发电量前提下因制水抽汽使机组增加的燃料费用计为制水蒸汽的主要成本。

c. 造水比

热法海水淡化利用蒸汽来加热海水，蒸汽利用效率指标一般用造水比（GOR）来表示，即蒸馏产生的淡水与系统输入蒸汽的质量比。造水比越高，蒸汽利用率越高，蒸汽成本越低。国内现有 MED 装置的造水比一般为 8~15，折算成吨水蒸汽消耗为 0.067~0.125 t/m³ 淡水。

d. 电价和电耗

热法一般与电厂结合采用电水联产方式，电价按厂用电计价。热法海水淡化过程中的电耗来源于输送物料时的泵功消耗，仅需克服管道阻力和设备高差即可，吨水电耗一般仅为 0.8~1.5 kW·h/t 淡水。

e. 药剂费

热法一般可不设预处理设备，只需加杀生剂、阻垢剂、消泡剂及还原剂，参考以往项目，吨水药剂费一般为 0.2~0.3 元/t 淡水。

f. 修理费

热法大部分设备为静态设备，转动设备少，维护工作量小，修理费可按固定资产原值的 1% 计取。

g. 人工费

在电厂中，热法海水淡化装置可由化学专业人员管理，一般不需要额外设专人运行。

h. 固定资产折旧

热法装置大部分采用金属材质，设备寿命周期长，使用寿命一般按 30 年以上考虑。

i. 设备利用率

热法设备日常维护工作量小，年可利用率达到 97%。

（2）热法海水淡化成本实际案例

根据沧东电厂提供的《2.5×10^4 t/d 大型低温多效蒸馏海水淡化装置研发及工程应用技术经济分析与效益报告》，沧东 2.5×10^4 t/d 海水淡化装置的制水成本为 4.89 元/t，具体见表 3.2。

表 3.2　2.5×10^4 t/d 低温多效海水淡化装置制水成本

序号	成本	计算依据	数值/（元/t）
1	燃料费	蒸汽单价 26 元/t，造水比 12.2	2.13
2	折旧费	工程投资 20 491 万元 ×0.95/20/产水量 477×10⁴ t	2.04
3	电费	制水电耗 1.2 × 发电燃料成本 0.15 元/（kW·h）	0.18
4	药剂费	定值	0.26
5	人工费	定值	0.12
6	修理费	定值	0.16
	合计		4.89

2. 膜法海水淡化的成本构成

（1）成本构成

膜法海水淡化制水成本取决于装置规模、项目投资、造水比、煤价、利用率、折旧年限、贷款条件等多方面因素，成本构成按照 5×10^4 t/d 反渗透膜法海水淡化项目进行估算，详细说明如下：

a. 项目投资费用

目前 5×10^4 t/d 反渗透膜法海水淡化项目吨水投资一般约为 0.533 万元 /（t/d）。

b. 能耗

RO 海水淡化工艺的能耗主要取决于电耗。RO 的主要用电设备包括预处理系统、给水泵、增压泵和高压泵等，吨水电耗一般为 3.3~5 kW·h/t 淡水。

c. 药剂费

RO 一般设预处理系统，需要加杀生剂、混凝剂、助凝剂、还原剂及阻垢剂，还需定期加酸、加碱进行化学清洗；MED 一般无预处理设备，只需加杀生剂、阻垢剂、消泡剂及还原剂。5×10^4 t/d 反渗透膜法海水淡化项目，RO 技术吨水药剂费取 0.42 元 /t 淡水。

d. 修理费

RO 转动设备较多，需要更换的设备和部件多，维护工作量大，修理费按固定资产原值（不含膜费用）的 1.5% 计取。

e. 换膜费

RO 技术中，反渗透膜、超滤膜和保安过滤器滤芯等需要定期更换，三者的更换周期一般分别为 3~5 年、3~5 年和 1~3 个月。参考《大型海水淡化工程投资和成本分析》，膜部分的费用占总投资的 15.2%，更换周期为 3~5 年。

f. 人工费

RO 按新增 20 人，人均工资及福利费 12 万元 / 年考虑。

g. 固定资产折旧

RO 固定资产均按 20 年折旧考虑，固定资产残值率取 5%。

h. 设备利用率

RO 设备年利用率均按 99% 考虑。

（2）膜法海水淡化成本实际案例

5×10^4 t/d 反渗透膜法海水淡化项目的制水成本为 3.80 元 /t，具体见表 3.3。

表 3.3　5×10^4 t/d 反渗透膜法海水淡化项目制水成本

序号	项目	单价（含税）	年消耗	数值 /（元 /t）
1	电费	0.35 元 /（kW·h）	8 370.4 万 kW·h	1.6
2	药剂费		766.5 万元 / 年	0.42
3	换膜费		1 350 万元 / 年	0.74
4	人工费	12 万元 /（人·年）	20 人	0.13
5	大修及维护费			0.22
6	折旧费			0.69
7	合计			3.80

备注：财务费用依据资金贷款比例等因素单独计算。

估算依据：年运行时间按 365×24 h=8 760 h 计算，按 50 000 t/d 计算单位制水成本，反渗透膜更换按 3 年计，超滤膜更换按 5 年计；较好的运行维护可使直接运行成本降低 15% 左右（如：使反渗透膜寿命延长至 5~8 年）。

综上，反渗透法和低温多效法海水淡化工艺都是成熟的水处理技术，当煤价较高时，RO 海水淡化工艺更有经济优势。但火电厂具有较多的低品位热源，MED 海水淡化可有效利用能源，且系统运行稳定、出水水质好，设备国产化程度高，因此可根据项目实际情况，选取最优海水淡化工艺。

五、海水淡化中可再生能源的利用

（一）风能

风能已成为未来替代传统化石燃料的主要新能源之一，风力发电是当今风能利用的主要形式。目前风能应用于海水淡化工程已经取得了较为成熟的研究成果，在世界范围内有了应用，如德国 Ruegen 岛的 120~300 m^3/d 蒸馏法海淡项目和西班牙 Los Moriscos 的 200 m^3/d 反渗透膜法海淡项目。

目前风能海水淡化的规模还不大，大多选择在拥有丰富风力资源的滨海地区或海岛上。风能海水淡化分为直接风能海水淡化和间接风能海水淡化，前者是直接使用风力的机械能驱动海水淡化的蒸馏单元或反渗透单元，后者是先利用风能发电，再通过电能驱动后续的脱盐单元。间接风能海水淡化是当下采用较多的途径。从风电技术适应性以及海水淡化技术特点而言，反渗透膜法和风力发电结合是最匹配的模式，具有能耗低、系统简单、容易适应风力发电能量变化的特点。

目前，风能海水淡化面临的主要问题是：风速时常变化，能量供应不稳定，具有间歇性和波动性。这一问题可以通过提高供电系统的稳定性来解决。对于有电网覆盖的地区，可以采用并网发电的风力发电系统，在风力不足时，可以由电网向海水淡化单元供电，维持淡化过程正常运行。对于没有电网的偏远地区或孤岛，可以采用多种能源联合系统，比如风力 – 太阳能联合系统或风力 – 柴油机联合系统。随着风能装机容量的扩大，风电成本会有显著下降，据预测，2030 年我国风电成本会比现在降低 50%。因此风能海水淡化的推广应用是未来发展的趋势之一，对于减轻环境能源压力具有重要意义。

（二）太阳能

与传统动力源和热源相比，太阳能具有安全、环保等优点，将太阳能采集与脱盐工艺两个系统相结合也是一种可持续发展的海水淡化技术，它由于不消耗常规能源、无污染等优点逐渐受到重视。

人们早期利用太阳能进行海水淡化，主要是用其进行蒸馏，所以早期的太阳能海水淡化装置一般被称为太阳能蒸馏器。目前太阳能蒸馏装置中主要有主动式和被动式系统两大类。

被动式太阳能蒸馏系统的例子就是盘式太阳能蒸馏器，人类对它的应用有近150 年的历史。由于其结构简单、取材方便，至今仍被广泛采用。但被动式太阳能蒸馏系统工作温度低、产水量不高，也不利于夜间工作和利用其他余热。

在主动式太阳能蒸馏系统中，由于配备有其他的附属设备，使它的运行温度得以大幅度提高，其内部的传热传质过程得以改善，大部分的主动式太阳能蒸馏系统，都能够主动回收蒸汽在凝结过程中释放的潜热，因而这类系统能够得到比传统太阳能蒸馏系统高一倍甚至数倍的产水量，这也是其被广泛重视的根本原因。

（三）核能

核能是一种清洁的能源，一座日产 10 万 t 淡水的核能海水淡化厂每年消耗二氧化铀核燃料 2.5 t 左右，不存在化石燃料燃烧产生有害气体对大气的污染问题，也不存在大量的燃料和排放物的储存、运输和处理问题。

核能海水淡化有两项独特的优势：一是海水淡化耗费电能，而来自核反应堆的电能不会产生温室气体；二是由于石油和天然气价格上涨，以核能淡化海水同以化石燃料能源淡化海水相比具有竞争力。按照惯例，核反应堆产生的大部分热能都浪费了，将其用在海水淡化上将是一个很好的选择。沿海小城市的小型和中型核反应堆也是海水淡化的好选择，它们可以使用热电联产中涡轮产生的低压蒸汽和最终冷却系统产生的高温海水。

核能海水淡化装置的可行性已经得到了超过 150 反应堆·年的实验证实，主要是在哈萨克斯坦、印度和日本开展的。

（四）其他

除风能、太阳能、核能等自然资源外，还可以利用海洋自身的潮汐能和波浪能作为动力系统，为海水利用提供能量来源。

第四章

应用场景推荐

随着海水淡化产业的快速发展和用户需求的爆发式增长，极大丰富了海水淡化及水处理设备的应用场景，应用场景与技术、用户条件、规模、水质等因素相关，以下展开详细分析。

一、热法和膜法海淡工艺的适用条件

（一）低温多效蒸馏法的适用条件

1. 低温多效蒸馏法对海水水质和水温无特殊要求

低温多效蒸馏法海水淡化对海水水质要求较为宽泛，悬浮物小于 300 mg/L 的海水可直接作为物料用水，不设预处理；水质较差时预处理也仅需简单的沉淀或者澄清去除悬浮物及泥沙即可。

同时低温多效蒸馏法海水淡化适应水温范围较宽，即使水温在 0 ℃以下仍可正常运行，特别适合在具有低品位热源的北方沿海地区电厂应用。

2. 低温多效蒸馏法适用于有低品位或廉价热源的场合

低温多效蒸馏法可以利用低品位的蒸汽或热水作为热源，一般情况下，压力不低于 25 kPa（a）的蒸汽和温度不低于 70 ℃（推荐不低于 90 ℃）的热水均可以作为低温多效蒸馏法的制水热源，从而大大降低制水的能源成本。

在电厂中余热的主要形式是汽轮机乏汽和低温烟气，在化工厂中余热的主要形式则是循环冷却水。热法海水淡化是通过热交换或闪蒸的方式利用低品位余热中的热量进行海水的蒸发淡化。

化工厂中温度较高的循环冷却水（70 ℃以上）目前已经被成功用作热法海水淡化的热源，通过闪蒸产生蒸汽作为热法海水淡化的加热蒸汽，大大降低了海水淡化的蒸汽成本。

电厂汽轮机低压缸排汽压力过低，蒸汽比容大，需要的蒸汽管道直径大，如作为热法海水淡化热源需要汽轮机与海水淡化就近布置，且能够安排的效数较少，造水比低，同时需要有低温冷却水作为海水淡化的冷却水源。由于存在以上困难，实践中热法海水淡化一般仍采用电厂汽轮机抽汽而不是排汽作为加热蒸汽汽源，但可以采用较低压力的抽汽（比如六段抽汽），以降低蒸汽的成本。另外，关于利用空冷机组乏汽作为低温多效蒸馏过程热源的研究正在进行中。

燃煤电厂低温烟气理论上可以作为低温多效蒸馏过程热源，但低温烟气存在露点腐蚀，需要解决防腐问题，该烟气换热器一般换热面积大、价格高。另外，电厂热力系统也有利用低温烟气余热提高机组效率的需求，低温烟气余热供海水淡化用还是供热力系统用需要电厂综合考虑。

3. 低温多效蒸馏法适用于各种淡水用途

低温多效蒸馏法产品水品质较高，TDS 一般 <5 mg/L，对于电厂，可以直接作为除盐水系统混床的进水，另外也可以作为工业水或生活水使用；可供给钢铁、化工、石化、造纸、制药等多种行业用户，也可作为周边居民生活用水或瓶装饮用水。

4. 低温多效蒸馏法产水负荷适应范围宽

低温多效蒸馏法海水淡化具有较大的产水出力调节范围，一般可以根据用户需要，在 40%~110% 范围内任意调节，适合于用水负荷可能有一定变化的场合。

5. 低温多效蒸馏法装置运行稳定可靠、易于维护、寿命周期长

低温多效蒸馏法装置系统简单，对运维人员操作水平要求低、运行稳定可靠；大部分设备是换热器、容器等静态设备，转动设备较少，需要定期更换的零部件少，设备维护相对容易，运维工作量小；大部分设备采用金属材质，设备寿命周期较长，蒸发器寿命一般按 30 年考虑。

6. 低温多效蒸馏法化学加药少、化学清洗周期长

低温多效蒸馏装置主要加阻垢剂、消泡剂和还原剂，化学加药较少；由于其工作温度在 70 ℃以下，设备结垢程度相对较轻，且结垢物以碳酸钙等软垢为主，一般可以两年或更长时间进行一次化学清洗（酸洗）。

7. 低温多效蒸馏法可以采用多模式灵活供汽

低温多效蒸馏法海水淡化可以采用多汽源以及蒸汽和热水结合的多种模式灵活供汽。

多汽源供汽是从汽轮机高、中、低压缸不同抽汽位置引出不同压力、不同品质的蒸汽，可以根据发电机组负荷灵活切换汽源，提高热法海水淡化用汽的经济

性，并且也可以在机组深度调峰时保证热法海水淡化装置稳定运行。

蒸汽和热水结合的方式，是在一般工况下将热水闪蒸产生的蒸汽作为制水蒸汽，进入热法海水淡化装置；当热水闪蒸产生的蒸汽供应不足时，在不停车的条件下切换成蒸汽模式，用更高压力的蒸汽汽源保障热法海水淡化装置的稳定运行。多模式灵活供汽可以在保证设备正常运行的基础上实现余热的充分利用。

（二）反渗透膜法的适用条件

1. 海水淡化膜进水条件

①反渗透系统进水 SDI（污染指数）不超过 5，以低于 3 为佳。

②保证进水浊度低于 1.0 NTU，以小于 0.2 为佳。

③水中余氯需低于 0.1 mg/L。

④水温在 5~45 ℃之间。

除上述指标外，还应尽可能减少导致膜污染或劣化的化学物质。

2. 反渗透膜法可适用于所有海水水质

国际海洋物理科学协会（IAPSO）定义海水盐度的固定参考点为 35‰，中国四大海域的海水盐度也在 30‰~35‰之间：渤海海水中的盐度是最低的，仅 30‰；黄海盐度平均为 31‰~32‰；东海盐度为 31‰~32‰；南海盐度最大，为 35‰。海水盐度按照 35‰考虑，反渗透膜是可以适用于各大洋海水的淡化处理的。各海域海水的其他水质指标有所不同，可根据不同水质调整反渗透膜前段预处理，以达到反渗透膜的进水要求，故沿海地区的电厂海水淡化项目均可采用反渗透膜法。

3. 反渗透膜法可适用于各种水量

反渗透海水淡化项目可适用于各种水量，从十至几十万 t/d 的处理能力均有投运案例，且运行良好，故反渗透膜法不仅可适用于电厂用水水量，亦可适用于电厂及周边城市、工业企业的淡水供应。反渗透膜法不同处理水量的案例见表 4.1。

表 4.1　反渗透膜法不同处理水量案例

序号	工程名称	规模 /（t/d）
1	江苏连云港灌云县开山岛海水淡化装置	10
2	山东长岛高山岛海水淡化站	50
3	山东长岛庙岛海水淡化站	340
4	山东烟台长岛县北长山岛海水淡化工程	1 000
5	山东南长山岛海水淡化站改造工程	2 000
6	辽宁红沿河核电站二期海水淡化工程	6 840
7	山东华电莱州电厂二期海水淡化工程	7 920
8	山东钢铁集团日照基地海水淡化工程	20 000
9	华能玉环电厂海水淡化工程	45 000
10	阿联酋 OmanSur 海水淡化工程	80 000
11	澳大利亚金色海岸海水淡化工程	133 000
12	以色列特拉维夫市 Sorek 海水淡化工厂	624 000

4. 反渗透膜法可适用于各沿海区域

全国海水淡化工程主要分布在沿海 8 个省市水资源严重短缺的城市和海岛：浙江、山东、天津、河北、辽宁、海南、福建、江苏（按日处理能力大小排名），各省市的海水淡化工程均有采用反渗透膜法的处理工艺，海水淡化的出水主要用于市政供水、电力、钢铁、石化等高耗水行业的工业用水。故反渗透膜的应用不受地域和行业的限制，可在各沿海地区电厂作为海水淡化的处理工艺。

二、海水淡化水的应用场景

海水淡化水的终端用户主要分为两类：一类是工业用水，另一类是生活用水。工业用水主要用于沿海电力、化工、石化、钢铁等企业锅炉、生产工艺用水等；生活用水主要是沿海城市和海岛的居民用水。

（一）电厂自身用水

1. 应用方式

电厂是工业领域的淡水消耗大户，主要包括锅炉补给水系统用水、循环冷却水、生活用水和工业用水。其中循环冷却水需求量很大，沿海电厂一般采用海水直流冷却系统，因此无需对海水进行淡化。生活用水通常由自来水供应。工业用水可以是自来水或脱盐海水。锅炉补给水系统对水质要求高，需水量大。例如，600MW沿海电厂锅炉补给水可达到5 000 t/d。沿海电厂海水淡化产水主要用作锅炉补给水处理系统的补给水。海水淡化对我国沿海电厂，特别是沿海缺水城市具有重要意义，也是当前的发展趋势。

2. 典型案例

（1）青岛市黄岛发电厂采用淡化水解决生产用水困境。

青岛市黄岛发电厂积极发展海水淡化产业，我国首台3 000 t/d自主知识产权海水淡化设备在黄岛发电厂投入运行，并实现向锅炉系统供水。自此，黄岛发电厂每天发电所需的市政用水由过去的2 000 t降到0 t，一举告别了自来水，并且海水淡化水的纯度远远高于自来水，与传统方式相比，每吨用水可降低成本2元左右。真正实现了"让水于民"，为缓解日益紧张的城市用水形势开辟了一条崭新的路径。

（2）宁德核电厂采用淡化水作为生产用水，减少陆地淡水消耗。

宁德核电厂生产用水分为海水和淡水两种。海水主要用于电厂冷却用水及核安全用水；淡水则主要用于核电厂的生产、生活用水，淡水的水源由海水淡化系统提供，宁德核电厂海水淡化系统的一级反渗透日最大淡化水量为14 500 t，二级反渗透日最大产水量9 800 t，充分保障了核电站的用水需求，减少对陆地淡水的消耗，不对地方居民用水产生影响。

（二）工业园区用户

1. 应用方式

电力、石化等行业工艺用水、锅炉用水，一般要用水质比较高的纯净水。海水淡化水质纯净，可直接或简单处理后用作高品质工业用水，比企业自身将地表水处理为同品质的水成本低。另外，海水淡化水还有效节约和压减了地下水开采，有助于区域地面沉降治理。

2. 典型案例

沧东电厂利用低压蒸汽进行水电联产，海水淡化产品水质纯净，总溶解性固体小于 5 mg/L，既可作生产用水，也是优质的生活水源。沧东电厂建设的海水淡化主管线达 70 余公里，管网辐射渤海新区港城区及临港经济技术开发区主要工业企业。自 2011 年年底起，淡化水源源不断地通过管网输往周边企业，不仅未消耗一滴地下水，而且高品质的淡化水还为当地工业企业发展提供保障。截至 2021 年 8 月底，对外供水总用户数已达 77 家，囊括电力能源、港口物流、石油化工、粮油加工、生物医药等各行各业，累计对外供淡化水 712 万余吨。海水淡化工程为渤海新区经济社会发展提供了优质稳定的淡水资源保障。

（三）市政用水

1. 应用方式

海水淡化水可用于生活用水，主要是沿海城市和海岛的居民用水。海水淡化水的水质完全达到了饮用净水的标准，但与自来水制水成本相比，海水淡化水成本偏高，淡化海水的价格远高于居民生活用水价格，但多地政府已制定淡化水补贴等鼓励海水淡化的有关优惠政策，通过水价调整，合理确定淡化水价格，使海水淡化能够以合理的利润进入市政管网。

2. 典型案例

青岛海水淡化已经步入快车道。百发二期投产后，青岛全市海水淡化设施日产能力达到 $32.4 \times 10^4 \ m^3$。青岛水务集团拥有百发、董家口产能共 $30 \times 10^4 \ m^3$ 的两座海水淡化厂，百发海水淡化厂采用全球领先的双膜法工艺，部分关键装备和核心部件实现国产化，日产能力将达到 $20 \times 10^4 \ m^3$，成为国内最大的膜法海水淡化项目和国内最大的市政供水示范项目。

此外，天津滨海地区、浙江舟山等地已尝试将海水淡化水纳入城市供水系统。如天津北疆电厂除电厂自用水外，已修通汉沽龙达水厂、开发区泰达水厂和塘沽新区水厂的供水管线，将产品水输入自来水厂，为城市供水；浙江省舟山市也将海水淡化水纳入城市用水，供居民生产和生活使用。

（四）小结

海水淡化水与市政供水相比，目前多数情况下成本仍然偏高，国内海水淡化项目大多依托电厂、钢铁厂、化工厂等工业企业，主要解决这些工业企业自身用水需求。沿海缺水地区电厂若已建设海水淡化装置，在满足电厂用水需求的前提下，可考察当地城市市政供水、各企业工业用水是否存在需求，综合考虑产业政策、本地淡水资源条件、海水利用能力及运行成本，在具备条件的地区，充分利用好已建海水淡化工程产能，并规划实施一批新建海水淡化工程及配套管网设施。根据用户所需用水的水量及水质，因地制宜地将海水淡化水引入市政供水管网或工业园区，使电厂获得经济效益，同时保障沿海缺水地区的淡水供应。

三、海水淡化技术在不同水源条件下的应用

推广海水淡化技术，可提升城镇、工业、农业农村等重点领域污水资源化利用水平；在石油、采矿、化工、冶金等行业，拓展海水淡化技术装备的应用场景，促进电厂的海水淡化产业与其他行业协同发展，有效利用城市中水、矿井水、石化废水等废水作为电厂的水源，实现废水资源化利用，建立电厂与城市的共存生态模式。

矿井水、煤化工废水零排放领域常采用 MVR 技术进行结晶前的浓缩处理，需要维持大量的盐水循环，能量消耗较大，新能源院目前正在开展研究，开发利用可再生能源、余热废能等低品位热能的低温多效蒸馏法技术先行对矿井水或含盐废水进行浓缩处理，期望能够降低矿井水、含盐废水的处理成本。

第五章

海水淡化国产化设备情况

目前我国已掌握反渗透和低温多效海水淡化技术，关键设备研制取得突破。根据《2022 年全国海水利用报告》，科技部、国家发展改革委、自然资源部、工业和信息化部等部门均在积极推进海水淡化装备国产化进程。"十四五"国家重点研发计划"长江黄河重点流域水资源与水环境综合治理"重点专项"流域典型地区海水淡化技术装备研发与应用示范"项目和"政府间国际科技创新合作"重点专项"低碳节能海水淡化及资源化关键材料研发及技术示范"项目获批立项。"十四五"国家重点研发计划"高端功能与智能材料"重点专项"混合基质型水处理膜材料规模化制备技术"等项目有序推进；"十三五"国家重点研发计划"水资源高效开发利用"重点专项"面向规模化应用的膜法海水淡化关键技术及装备开发与示范"项目通过综合绩效评价。

一、热法国产化设备情况

热法海水淡化系统构成较为简单，主要包括以下设备：蒸发器、冷凝器、蒸汽热压缩器、闪蒸罐、板式换热器、抽真空装置（射汽抽气器或水环真空泵）、水泵、自反洗过滤器、化学加药装置、阀门、仪表、控制系统、电气系统，目前已全部可以实现国产化。

2015 年以前，高性能蒸汽热压缩器（TVC）一般采用德国 GEA 或 Koerting 公司产品，国内不具备高性能 TVC 自主设计能力；2015 年，国华研究院通过自主研发，在舟山电厂 1.2×10^4 t/d 低温多效蒸馏海水淡化项目中首次自主设计并成功应用了国产的高性能 TVC，实现低温多效蒸馏海水淡化装置的完全国产化。

二、膜法国产化设备情况

（一）海水淡化反渗透制膜材料国产化分析

高性能反渗透膜材料是新型高效分离技术的核心材料，国际上通用的反渗透膜材料主要有醋酸纤维素和芳香族聚酰胺两大类，另外在开发过程中也制备过一些其他材料的反渗透膜，如磺化聚醚砜等。目前广泛应用的反渗透膜多为复合膜。为提高膜元件的各项性能，膜材料的改进方向主要有：支撑膜的改进，新的功能单体，界面聚合的参数控制（如支撑膜的出力、单体、水和油相中的各组分、pH 值、接触时间、反应时间、热处理温度和时间等），后处理和化学处理改性等等。

近年来国产化海水淡化反渗透膜取得巨大进步，沃顿科技、碧水源等公司均已实现海水淡化膜的自主研发和生产。目前，国家能源集团旗下龙源环保也开发出了海水淡化反渗透膜元件，该产品具有除盐除硼性能好且运行稳定等优点，其稳定脱盐率和脱硼率分别达 99.8% 和 92%，可适用于大、中、小各类海水淡化工程。

（二）高压泵应用及国产化分析

高压泵是反渗透过程中的关键部件，其性能好坏直接影响到过程的进行和经济性，正确选择高压泵性能对系统安全性影响很大。

1. 高压泵市场应用情况及分析

在高压泵研究方面，目前世界上海水反渗透处理中使用的高压泵主要有两种形式：往复式柱塞泵和多级离心泵。这两种形式泵的技术都比较成熟，都已在反渗透海水淡化系统中广泛应用，其适用范围和性能参数见表 5.1。

在大型膜法海水淡化项目中，高压泵主要采用多级离心泵。影响离心泵厂商涉足海淡领域的主要因素是水泵出液端的材质，有铜、镀镍铝青铜、316 L 不锈钢和双相不锈钢等多种材料可选，由于海水的强腐蚀作用，离心泵的泵壳和叶轮以双相不锈钢材料应用居多，特别在大规模海淡项目中，尤为明显。

表 5.1　不同型号的泵性能及使用范围

高压泵类型	多级离心泵		柱塞泵
	中开泵	串联泵	
设备描述	叶轮对称布置、热装于轴；轴向推力小	叶轮单向串联、以键固定于轴；轴向推力大	容积泵
应用场景	大规模（万吨级）		中小规模（千、百吨级）
参数范围	流量大 0~6 000 m³/h，5 000 psi		流量小 0~80 m³/h，7 000 psi
优点	稳定、检修易	效率高、占地小投资低	效率高
缺点	效率低、占地大投资高	振动大、检修繁	仅适用小项目

目前，国内已建大型膜法海淡的高压泵大多采用进口品牌，其中瑞士 SULZER（苏尔寿）、德国 KSB（凯士比）、丹麦 GRUNDFO（格兰富）、德国 DUCHITING（杜赫丁）、德国 VILO（威乐）、日本荏原六大国际品牌共占据国内 90% 的市场份额。其中，仅 SULZER（苏尔寿）、GRUNDFO（格兰富）在国内建有工厂（外商独资），其余品牌均需要原装进口；而且，GRUNDFO（格兰富）国内工厂无法生产大流量（>200 m³/h）的高压泵，因此，苏尔寿是大型海淡项目高压泵的首选品牌，在国内海淡高压泵领域具有垄断地位。

国内品牌的高压泵在大规模（万吨级）膜法海水淡化项目上鲜有应用，双轮、南方等作为国内品牌代表仅占国内 10% 的市场份额。但实际上，国内品牌高压泵很有价格优势，如双轮、南方泵业生产的高压泵价格约为进口同类产品的 1/2，能够大幅降低海水淡化工程的投资。

2. 存在不足

目前，国产高压泵受铸造、锻造、表面处理等水平限制，同类产品与国际先进产品相比效率存在 2%~3% 的差异；国产高压泵在使用稳定性、故障率方面相比于进口产品还存在差距，需要通过不断研发改进和项目应用获取产品性能和质量的全面提升。

3. 下一步发展方向

国产化海水淡化高压泵在研发制造方面，应通过提升制造水平，重点突破高压泵效率瓶颈，在应用实践中查找问题，通过优化水泵结构、工艺等提高泵的稳定性，逐步赶上国际同类产品先进水平。

（三）能量回收装置应用及国产化分析

1. 能量回收装置市场应用情况及分析

目前，在全球范围内，"压力交换式"能量回收装置已经取代"透平式"能量回收装置成为膜法海水淡化节能设备的主流。国外的能量回收装置制造商主要有美国的 ERI 公司、瑞士的 Calder 公司和德国的 KSB 公司。

ERI 公司是当前国外最大的能量回收装置供应商，能够提供压力交换式能量回收装置和透平式能量回收装置。全球已有超过 10 000 套该公司生产的 PX 能量回收装置被用于反渗透海水淡化工程中，产水总量超过 520×10^4 t/d。PX 装置是目前应用最为广泛的压力交换式能量回收装置。但也有许多海水淡化工程应用该公司的透平式能量回收装置 HTC。目前，该公司在国内反渗透海水淡化能量回收设备市场上处于垄断地位。

国内研究能量回收装置的时间较晚，2000 年以后，随着能量回收技术在国内外各大反渗透海水淡化工程中的广泛应用，天津海水淡化与综合利用研究所、天津大学、大连理工大学、中国科学院广州能源研究所、杭州水处理技术研究开发中心等单位开始对适用于反渗透海水淡化系统的能量回收技术和装置进行探索性的研究。经过十多年的探索，取得了一系列研究成果和专利技术，国内能量回收装置的研究逐渐从工作原理、模型模拟、核心部件、控制系统、样机开发走向了工程试运行与产品性能优化。

我国透平式能量回收装置主要在 2005 年前投产的反渗透海水淡化工程中应用；2016 年，天津海淡所研发及制造的透平式能量回收装置应用于三沙市永兴岛1000 t/d 海水淡化项目。此后，在已建成的海水淡化工程中，压力交换式能量回收装置被普遍采用。其中，国产压力交换式能量回收装置浙江帕尔环境 IPX 型号系列产品，自 2016 年在浙江舟山六横海水淡化厂投产运行以来，已有 3 年，据报道，该能量回收装置的价格为进口同类产品的 60%~75%。2015 年以来能量回收装置在我国万吨级以上反渗透海水淡化工程中应用情况见表 5.2。

表 5.2　2015 年以来能量回收装置在我国万吨级以上反渗透海水淡化工程中应用情况

序号	时间	工程名称	规模 / ($\times 10^4$ t/d)	能量回收装置
1	2015 年	浙江三门核电海水淡化工程	1.6	ERI PX
2	2015 年	浙江台州第二发电厂海水淡化工程	1.8	ERI PX
3	2016 年	山东海阳核电站海水淡化工程	1.68	ERI PX
4	2016 年	山东青岛董家口海水淡化工程	10	ERI PX
5	2016 年	浙江舟山普陀区六横岛 II 期 II 海水淡化工程	2	浙江帕尔环境 IPX
6	2016 年	广东汕尾华润海丰电厂海水淡化工程	2	ERI PX
7	2017 年	浙江舟山石化 I 期海水淡化工程	7.5	ERI PX

序号	时间	工程名称	规模 / (×10⁴ t/d)	能量回收装置
8	2018 年	沧州临港中科保海水淡化工程	2.5	浙江帕尔环境 IPX
9	2019 年	河北纵横集团丰南钢铁海水淡化工程	7.5	DWEER
10	2019 年	浙江舟山石化 II 期海水淡化工程	12	ERI PX
11	2020 年	河北首钢京唐钢铁厂二期海水淡化工程	1	ERI PX
12	2020 年	山东烟台南山铝业海水淡化工程	3.3	ERI PX
13	2021 年	滨州鲁北海水淡化工程	5	ERI PX，浙江帕尔环境 IPX

2. 存在不足

国产化"压力交换式"能量回收装置在关键部件的耐磨性、密封性等方面还有待提升；同时，国产化"压力交换式"能量回收装置的运行噪声大（主要由运行时水力冲击产生），其水力冲击所产生的对结构和材料的冲蚀磨损风险未知，产品的长期稳定性和可靠性有待更长时间的验证；此外，在装备制造技术、基础材料及部件生产水平等方面与国际品牌仍存在差距，制约产品大规模生产和应用。

国产化"透平式"能量回收装置存在应用案例少、产品验证时间和数量不够充分的问题，需更多应用案例证明其产品的优势和可靠性；同时，采用"透平式"能量回收装置的海水淡化工艺设计与现有采用"压力交换式"能量回收装置的海水淡化工艺设计有较大区别，二者难以通用替换，因此，需要在项目设计之初进行工艺方案的选定。

第六章

海水淡化项目案例

一、河北沧东发电有限公司热法海水淡化项目

（一）公司简介

河北沧东发电有限公司位于河北省沧州市以东约 100 km 的黄骅港港口码头南侧，全厂现有一期 2×600 MW 亚临界燃煤发电机组和二期 2×660 MW 超临界燃煤发电机组。

（二）原水数据

沧东电厂原水数据见表 6.1。

表 6.1　沧东电厂原水数据

水源		渤海
水温	夏季 /℃	31
	冬季 /℃	−1.5
pH 值		7.9~8.22
含盐量 /（mg/L）		22 135.7~29 941.9
电导率 /（μS/cm）		35 200~41 800
TDS/（mg/L）		22 130~29 920
悬浮物 /（mg/L）		5.7~21.9

（三）技术路线及热源参数

河北沧东发电有限公司海水淡化系统，如图 6.1、图 6.2 所示。

◆ 图 6.1　河北沧东发电有限公司海水淡化系统（1）

◆ 图6.2　河北沧东发电有限公司海水淡化系统（2）

1. 2×10⁴ t/d 低温多效海水淡化项目

引进法国 2×10^4 t/d 低温多效蒸馏海水淡化装置。4效蒸发器，串联式水平布置，设计造水比8.3，以汽轮机的二、四段抽汽作为动力汽源，引射末效蒸汽混合后作为加热蒸汽进入第1效。通过射汽抽气器抽真空，降低蒸发器压力，维持设备真空状态，使海水在低温下沸腾。海水经海水提升泵送入海水淡化设备，整套装置在 ≤ 68 ℃温度下运行。

2. 1.25×10⁴ t/d 低温多效海水淡化项目

采用国产 1.25×10^4 t/d 低温多效海水淡化装置。6效蒸发器，串列式水平布置，海水平行进料，蒸汽喷射压缩机设计在第4效的末端抽汽。装置负荷调整范围为40%~110%。

海水由取水泵送至中间海水池，经海水提升泵送至海水淡化设备。冷却海水进入系统前首先经过自动反冲洗过滤器，过滤器滤网过滤精度500 μm。物料水系统采用一次平行喷淋进料系统，降低了蒸发器的结垢风险。物料水经增压泵增压，经调节阀调节流量后分前2效和后4效两路供至蒸发器进料喷嘴。蒸发器设备效数由4效提高至6效，增加两级直流效。增设了冷凝水回热换热器，利用冷凝水的热量加热第一效的物料水。蒸发器上三排采用钛管，防止海水冲刷，并均匀布液，其余区域使用铝黄铜管，保证运行寿命。蒸发器不凝结气体抽出点设在冷凝器和第1效的加热蒸汽终端。经一级射汽抽气器，汽气混合物经冷凝进入二级射汽抽气器，最终冷凝，不凝结气体排出至大气。

3. 2.5×10⁴ t/d 低温多效海水淡化项目

采用国产 2.5×10^4 t/d 低温多效海水淡化装置。10 效蒸发器，串列式水平布置，海水平行进料，蒸汽喷射压缩机设计在第 7 效的末端抽汽。设计造水比 13.5，装置负荷调整范围为 40%~110%。

海水由一期两台 600 MW 机组循环水母管各取 50%，引至清水池，经海水提升泵送至海水淡化设备。10 效中再循环效 7 效，直流效 3 效。装置内部保持直流式换热管，设四层除雾器。装置利用真空系统射汽抽气器，分别加热 1、2、3 效物料水，以提高设备热效率。动力蒸汽汽源来自 4 台发电机组汽轮机四段抽汽。蒸发器第 4、7、9 效分别设置回热加热器，抽取部分二次蒸汽预热物料海水，减小物料水的过冷，提高装置产水效率。第 10 效后面设置凝汽器，冷凝第 10 效产生的蒸汽，同时加热全部进料海水。物料海水经蒸发器喷嘴被均匀地分布到蒸发器的顶排管上，然后沿顶排管以薄膜形式向下流动，部分海水吸收管内冷凝蒸汽的潜热而蒸发，产生的蒸汽进入下一效继续加热蒸发海水。蒸汽凝结水汇集到蒸发器底部，第 1 效凝结水由凝结水泵抽出，从 2 效开始蒸汽凝结水经过效间产品水管道逐效汇集进入 10 效，然后经产品水泵抽出。未被蒸发喷淋海水经过盐水管逐效汇集，最后在 10 效经盐水泵抽出。抽真空系统为蒸汽喷射式，从凝汽器以及第 1 效、第 4 效和第 7 效换热管末端抽取不凝结气体，维持系统运行真空度。

该装置创新设计了"单壳体双管束"大型 MED 蒸发器，通过合理的管束结构和除雾器布置设计，二次蒸汽流经管束、除雾器和壳体的压力损失降到最低，并使除雾效果达到最佳，确保成品水水质。开发了高效喷淋喷头，满足大流量和喷淋均匀性要求，采用耐热和耐磨损性能更为优良的聚砜材料，喷嘴使用寿命得到延长，降低设备的运行维护成本。

热源参数：设计蒸汽压力 0.3~0.55 MPa，温度 320 ℃，总抽汽量 228 t/h。

（四）运行情况

沧东电厂海水淡化系统运行情况见表 6.2。

表 6.2　沧东电厂海水淡化系统运行情况

淡水产水量 /（m³/d）	设计值	57 500
	实际值	32 700
	两者偏差原因	外供水用量需求发生变化
年运行天数 /d	设计值	350
	实际值	283
	两者偏差原因	设备检修维护、酸洗等
	备注	受供水影响，装置交替运行
产水水质	pH 值 设计值	6.5~8.5
	pH 值 实际值	6.5~7.8
	电导率 /（µS/cm） 设计值	≤ 10
	电导率 /（µS/cm） 实际值	1.0~9.8
	电导率 备注	供汽压力低于设计值，电导有超标现象
	TDS/（mg/L）	≤ 5

（五）制水成本

项目投资 5.46 亿元，吨水成本为 8.26~8.49 元，具体制水成本如表 6.3 所示。

表 6.3　沧东电厂海水淡化制水成本

（一）药剂消耗	名称	吨水消耗量 /kg	材料价格 /元 /kg	吨水价格 /元	备注
1	阻垢剂	0.016	25.6	0.41	
2	还原剂	0.001	20	0.02	4~11 月，加次氯酸钠期间加药
3	消泡剂	0.001 5	32.5	0.049	
4	次氯酸钠				海水杀菌，循环水加药，未单列
（二）能源消耗	名称	吨水消耗量	价格	吨水价格 /元	备注
1	电	1.39~1.89 kW·h	0.46 元 /（kW·h）	0.64~0.87	冬季和夏季冷却水量不同，耗电量不同
2	蒸汽	0.11t	50 元 /t	5.5	外售蒸汽 200 元 /t
（三）人工费	吨水成本 /元			—	兼职人员，人工费未单列
（四）修理费	吨水成本 /元			0.27	近三年平均值
（五）设备折旧	吨水成本 /元			1.37	
总计吨水成本	吨水成本 /元			8.26~8.49	受蒸汽价格影响有较大变化，此价格计算按蒸汽 50 元 /t 计算。同时未考虑人工成本

二、秦皇岛发电有限公司热法海水淡化项目

（一）公司简介

秦皇岛发电有限公司位于河北省秦皇岛市海港区东部。全厂现有 $2 \times 215\ MW$、$2 \times 320\ MW$ 共四台抽凝式热电联产机组；现阶段正在推进等容量替代项目，拟关停一期两台 215 MW 机组，新建两台 350 MW 超临界热电联产机组。

（二）原水数据

秦皇岛电厂原水数据见表 6.4。

表 6.4　秦皇岛电厂原水数据

水源		渤海
水温	夏季 /℃	20~25
	冬季 /℃	4~12
pH 值		8.2
含盐量 /（mg/L）		32 300
电导率 /（μS/cm）		40 900
TDS/（mg/L）		32 200
悬浮物 /（mg/L）		100

（三）技术路线及热源参数

秦皇岛发电有限公司海水淡化系统如图 6.3、图 6.4 所示。

◆ 图 6.3　秦皇岛发电有限公司海水淡化系统（1）

◆ 图 6.4　秦皇岛发电有限公司海水淡化系统（2）

技术路线：采用热蒸汽压缩低温多效蒸馏淡化装置。8 效蒸发器，设计造水比 12.6，装置负荷调整范围 40%~110%。

热源参数：设计蒸汽压力 0.55 MPa，温度 300 ℃，流量 18.3 t/h。

（四）运行情况

秦皇岛电厂海水淡化系统运行情况见表 6.5。

表 6.5　秦皇岛电厂海水淡化系统运行情况

		设计值	6 000
淡水产水量 / (m³/d)		实际值	1 500
		两者偏差原因	需水量低，不能连续制水
年运行天数 /d		设计值	330
		实际值	200
		两者偏差原因	需水量低，不能连续制水
产水水质	pH 值	设计值	6.5~8.5
		实际值	8.2
	电导率 / (μS/cm)	设计值	≤ 7
		实际值	2~3
	TDS/ (mg/L)		< 4

（五）制水成本

项目投资 6 150 万元，吨水成本为 17.72 元，具体制水成本如表 6.6 所示。

表 6.6　秦皇岛电厂海水淡化制水成本

（一）药剂消耗	名称	吨水消耗量 /kg	材料价格 /（元 /kg）	吨水价格 / 元
1	阻垢剂	0.018	19.5	0.351
2	消泡剂	0.0017	40	0.068
（二）能源消耗	名称	吨水消耗量	价格	吨水价格 / 元
1	电	4.73 kW·h	0.372 元 /（kW·h）	1.760
2	蒸汽	0.09t	102 元 /t	9.18
（三）人工费	吨水成本 / 元			1.88
（四）修理费	吨水成本 / 元			1.15
（五）设备折旧	吨水成本 / 元			3.33
总计吨水成本	吨水成本 / 元			17.72

三、浙江舟山发电有限公司热法海水淡化项目

（一）公司简介

国能浙江舟山发电有限责任公司位于浙江省舟山本岛北部、舟山市定海区白泉镇浪洗村白泉盐场西侧，距定海城区约 16 km。一期装机容量 260MW（1×125 MW+1×135 MW）超高压燃煤发电机组（已于 2021 年底关停）；二期 3 号机组为 315 MW 亚临界燃煤发电机组，4 号机组为 350 MW 超临界燃煤发电机组；三期建设 2×660 MW 二次再热超超临界燃煤发电机组。

（二）原水数据

舟山电厂原水数据见表 6.7。

表 6.7　舟山电厂原水数据

水源		东海
水温	夏季 /℃	28~30
	冬季 /℃	5~10
pH 值		7.85~7.92
含盐量 /（mg/L）		22 068~27 942
电导率 /（μS/cm）		37 040~41 060
TDS/（mg/L）		27 392~36 984
悬浮物 /（mg/L）		940~12 390

（三）技术路线及热源参数

浙江舟山发电有限公司海水淡化系统如图 6.5、图 6.6 所示。

◆ 图 6.5　浙江舟山发电有限公司海水淡化系统（1）

◆ 图 6.6　浙江舟山发电有限公司海水淡化系统（2）

技术路线：采用国产 1.2×10^4 t/d 低温多效蒸馏海水淡化装置。6 效蒸发器，串联式水平布置，海水平行进料，设计造水比 10.1，装置负荷调整范围 50%~100%。

海水水源取自 #3、#4 发电机组循环水供水管，经过海水预处理系统后进入海水淡化装置，预处理后海水水质达到悬浮物 TSS ≤ 50 mg/L、余氯 ≤ 0.1 mg/L。冷却水及浓盐水排入海水脱硫池。制水加热蒸汽来自 #3、#4 发电机组汽轮机中压缸排汽。6 效中再循环效 4 效，直流效 2 效。TVC 装置从第 4 效后抽汽，经过中压缸排汽引射后进入第 1 效，第 6 效后设置凝汽器，冷凝末效产生的蒸汽，同时加热全部物料海水。凝结水逐效汇集进入第 6 效，通过产品水泵抽出，送至淡水存储系统。

热原参数：设计蒸汽压力 0.34 MPa，温度 265 ℃，流量 55 t/h。

（四）运行情况

舟山电厂海水淡化系统运行情况见表 6.8。

表 6.8　舟山电厂海水淡化系统运行情况

淡水产水量 /（m³/d）		设计值	12 000
		实际值	12 000
		两者偏差原因	—
年运行天数 /d		设计值	≥ 355
		实际值	120~150
		两者偏差原因	用水量较少，且没有足够大的储水系统
产水水质	pH 值	设计值	未明确
		实际值	5.98~7.02
	电导率 /（μS/cm）	设计值	≤ 10
		实际值	≤ 10
	TDS/（mg/L）		≤ 5

（五）制水成本

项目投资 1.2 亿元，吨水成本为 19.08 元，具体制水成本如表 6.9 所示。

表 6.9　舟山电厂海水淡化制水成本

（一）药剂消耗	名称	吨水消耗量 /kg	材料价格 /（元 /kg）	吨水价格 /元	备注
1	阻垢剂	0.0105	24.88	0.26	最近单价，含税
2	铝盐或铁盐混凝剂	0.2678	0.78	0.21	聚合硫酸铁，最近单价，含税
（二）能源消耗	名称	吨水消耗量	价格	吨水价格 /元	
1	电	3.2 kW·h	0.5 元 /（kW·h）	1.6	2022 年上网电价，含税
2	蒸汽	0.118t	100 元 /t	11.8	2022 年销售均价，含税
（三）人工费	吨水成本 /元			1.8	
（四）修理费	吨水成本 /元			0.55	年修理费平均 60 万元
（五）设备折旧	吨水成本 /元			2.86	年折旧 310 万元
总计吨水成本	吨水成本 /元			19.08	

四、乐东发电有限公司膜法海水淡化项目

（一）公司简介

乐东发电有限公司位于海南省南部乐东黎族自治县莺歌海镇北面约 1.8km 处。全厂现有 2×350 MW 超临界发电机组。

（二）原水数据

乐东电厂原水数据见表 6.10。

表 6.10 乐东电厂原水数据

水源		南海
水温	夏季 /℃	29.7
	冬季 /℃	17.5
pH 值		7.6
含盐量 /（mg/L）		35 895
电导率 /（μS/cm）		51 700
TDS/（mg/L）		34 540
悬浮物 /（mg/L）		2.8

（三）技术路线及膜参数

乐东发电有限公司海水淡化系统如图 6.7 所示。

◆ 图 6.7 乐东发电有限公司海水淡化系统

技术路线：循环水泵出口母管→海水提升泵→网格沉淀池→V 型滤池→海水清水池→清水供水泵→过滤水箱→超滤给水泵→自动清洗过滤器→超滤（UF）装置→超滤水箱→海水反渗透给水泵→海水反渗透保安过滤器→海水反渗透高压泵→海水反渗透装置→海水淡化水箱。

膜参数：超滤回收率≥ 90%；反渗透脱盐率一年内≥ 99%，三年内≥ 98%，回收率≥ 40%。

（四）运行情况

乐东电厂海水淡化系统运行情况见表 6.11。

表 6.11　乐东电厂海水淡化系统运行情况

		设计值	3 120
淡水产水量 /（m³/d）		实际值	2 832
		两者偏差原因	电导率升高
年运行天数 /d		设计值	365
		实际值	365
		两者偏差原因	—
产水水质	pH 值	设计值	6~8
		实际值	6~8
	电导率 /（μS/cm）	设计值	<1 000
		实际值	986

（五）制水成本

项目投资 1.2 亿元，吨水成本为 8.44 元，具体制水成本如表 6.12 所示。

表 6.12　乐东电厂海水淡化制水成本

（一）药剂消耗	名称	吨水消耗量 /kg	材料价格 /（元 /kg）	吨水价格 / 元
1	铝盐或铁盐混凝剂（三氯化铁）	0.194 2	1.55	0.301 0
2	阻垢剂	0.001 3	175	0.227 5
3	杀菌剂	0.179 5	2.43	0.436 2
4	还原剂	0.018 9	6	0.113 4
（二）能源消耗	名称	吨水消耗量	价格	吨水价格 / 元
1	电	3.22 kW·h	0.515 7 元 /（kW·h）	1.660 6
（三）人工费				0.75
（四）修理费	名称	维修频率与维修费用		吨水价格 / 元
1	换膜费用	3~5 年，200 万元 / 套		0.76
2	设备维修与维护费			1.82
（五）设备折旧	吨水成本 / 元			2.38
总计吨水成本	吨水成本 / 元			8.44

五、蓬莱公司膜法海水淡化项目

（一）公司简介

国家能源蓬莱发电有限公司位于山东省烟台市蓬莱区北沟镇，一期装机容量
2×300 MW 燃煤发电机组；二期将扩建 2×1 000 MW 燃煤发电机组。

（二）原水数据

蓬莱电厂原水数据见表 6.13。

表 6.13 蓬莱电厂原水数据

水源		渤海
水温	夏季 /℃	26
	冬季 /℃	7.8
pH 值		7.5
含盐量 /（mg/L）		32 000
电导率 /（μS/cm）		49 000
TDS/（mg/L）		32 000

（三）技术路线及膜参数

蓬莱公司海水淡化系统如图 6.8、图 6.9 所示。

◆ 图 6.8 蓬莱公司海水淡化系统（1）

◆ 图 6.9 蓬莱公司海水淡化系统（2）

技术路线：海水水源取自 #1、#2 发电机组循环水供水管，首先通过预处理絮凝沉淀池和 V 型滤池去除悬浮物，再经过超滤去除微粒胶体，最后进入海水反渗透系统，利用反渗透膜的选择透过性分离盐分子，产生淡水。同时使用能量回收装置将反渗透排放浓水 90% 以上的能量回收，有效降低能耗。浓盐水排至机组循环冷却水排水口。淡水反渗透系统按 1 列配置，包括一级淡水反渗透单元、二级反渗透单元及 EDI 单元。主要设备包括一、二级提升泵，一、二级保安过滤器、一、二级高压给水泵等，化学清洗系统与海水反渗透共用。一级淡水反渗透装置设计出力 168 m³/h，二级淡水反渗透装置设计出力 158 m³/h，EDI 装置出力为 150 m³/h，设计温度按 10~35 ℃考虑。二级反渗透浓水和 EDI 浓水回到一级反渗透前的淡水箱继续回用。淡水反渗透膜组件为：一级二段。在设计中每套反渗透装置采用 6 芯装膜壳，压力为 300 psi；反渗透膜采用聚丙烯酰胺复合膜，压力为 300 psi。

项目建成后，不仅满足国家能源蓬莱发电有限公司 2 台 300 MW 机组工业淡水水源的供应，同时还满足电厂向周边工业和市政供应水源的要求，节约了蓬莱地区大量的地表和地下淡水资源。在支持区域经济可持续发展和环境保护的同时，创造了良好的经济和社会效益，树立热电联产的经济模式，提高发电企业生产效率和经济效益。

膜参数：反渗透脱盐率 ≥ 98%，回收率 ≥ 40%。

（四）运行情况

蓬莱电厂海水淡化系统运行情况见表 6.14。

表 6.14　蓬莱电厂海水淡化系统运行情况

淡水产水量 /（m³/d）		设计值	10 000
		实际值	10 000
		两者偏差原因	—
产水水质	pH 值	设计值	—
		实际值	5.7
	电导率 /（μS/cm）	设计值	600
		实际值	580
	TDS/（mg/L）		400

（五）制水成本

蓬莱公司海水淡化产水全部厂内自用，无外供水，吨水成本为 3.094 元（不计设备维护费与折旧费），具体制水成本如表 6.15 所示。

表 6.15　蓬莱电厂海水淡化部分制水成本

（一）药剂消耗	名称	吨水消耗量 /kg	材料价格 /（元 /kg）	吨水价格 /元
1	铝盐或铁盐混凝剂	0.03	1.6	0.048
2	PAM 絮凝剂	0.002	10	0.02
3	阻垢剂（标液）	0.006	20	0.12
4	杀菌剂	0.06	1.5	0.09
5	还原剂	0.005	3.2	0.016
（二）能源消耗	名称	吨水消耗量	价格	吨水价格 /元
1	电	5 kW·h	0.48 元 /（kW·h）	2.4
（三）人工费	吨水成本 /元			0.4
总计吨水成本（不计设备维护费与折旧费）	吨水成本 /元			3.094

六、庄河发电有限公司膜法海水淡化项目

（一）公司简介

大连庄河发电有限公司位于大连庄河市东南的黑岛镇黄圈。全厂现有 2×600 MW 超临界机组。

（二）原水数据

庄河电厂原水数据见表 6.16。

表 6.16　庄河电厂原水数据

水源		黄海
水温	夏季 /℃	27
	冬季 /℃	2
pH 值		7.6
含盐量 /（mg/L）		40 000
电导率 /（μS/cm）		48 000
TDS/（mg/L）		36 000
悬浮物 /（mg/L）		200

（三）技术路线及膜参数

庄河发电有限公司海水淡化系统如图 6.10 所示。

◆ **图 6.10 庄河发电有限公司海水淡化系统**

技术路线：海水供水泵→反应沉淀池→海水清水池→超滤给水泵→自清洗过滤器→超滤（UF）装置→超滤水箱→海水一级反渗透给水泵→海水保安过滤器→海水一级反渗透高压泵→海水一级反渗透装置→海水淡水箱。

膜参数：超滤回收率 ≥ 90%；一级反渗透脱盐率三年内 ≥ 98%，三年后 ≥ 97%，回收率 ≥ 43%；二级反渗透脱盐率三年内 ≥ 97%，三年后 ≥ 95%，回收率 ≥ 85%。

（四）运行情况

庄河电厂海水淡化系统运行情况见表 6.17。

表 6.17 庄河电厂海水淡化系统运行情况

淡水产水量 /（m³/d）		设计值	12 000
		实际值	12 000
		两者偏差原因	—
产水水质	pH 值	设计值	加碱调节至 7.5
		实际值	加碱调节至 7.5
	电导率 /（μS/cm）	设计值	500
		实际值	480

（五）制水成本

吨水成本为 6.525 元，具体制水成本见表 6.18。

表 6.18　庄河电厂海水淡化制水成本

（一）药剂消耗	名称	吨水消耗量 /kg	材料价格 /（元 /kg）	吨水价格 /元
1	铝盐或铁盐混凝剂	0.03	1.2	0.04
2	阻垢剂	0.004	25	0.125
3	还原剂	0.003	6	0.02
（二）能源消耗	名称	吨水消耗量	价格	吨水价格 /元
1	电	4 kW·h	0.55 元 /（kW·h）	2.25
2	蒸汽	0.005 6 t	142 元 /t	0.8
	备注	加热 6 个月 /年，夏季不投二级反渗透加热器		
（三）人工费				0.8 元 /t
（四）修理费	名称	维修频率与维修费用		吨水价格 /元
1	换膜费用	5 年 150 万元 / 套		0.42
2	设备维修与维护费			1.85
3	管理费			0.1
（五）设备折旧	吨水成本 /元			0.12
总计吨水成本	吨水成本 /元			6.525

七、印尼爪哇发电公司热法海水淡化项目

（一）公司简介

神华国华（印尼）爪哇发电有限责任公司（以下简称"爪哇发电公司"）位于印尼万丹省西冷市，距印尼首都雅加达约 100 km，距万丹省省会西冷市约 20 km，距芝勒贡市约 8 km。一期工程建设 2×1 050 MW 超超临界燃煤发电机组。

（二）项目概况

爪哇发电公司海水淡化项目采用低温多效蒸馏技术，设 2 套低温多效蒸馏海水淡化装置，一运一备，设计出力为 2×166 m³/h。全厂锅炉补给水、工业水和生活饮用水等淡水水源均来自海水淡化。分别于 2019 年 5 月、7 月投产，运行情况良好，满足设计要求。

（三）技术路线

爪哇发电公司海水淡化系统图如图 6.11 所示。

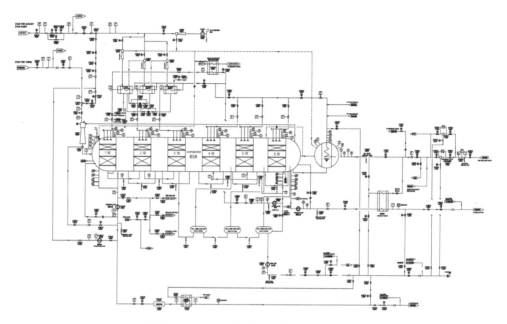

◆ 图 6.11　爪哇发电公司海水淡化系统图

爪哇发电公司海水淡化装置安装如图 6.12 所示。

◆ 图 6.12　爪哇发电公司海水淡化装置安装

爪哇发电公司海水淡化系统现场如图 6.13 所示。

◆ 图 6.13　爪哇发电公司海水淡化系统现场

本项目采用带蒸汽热压缩器（TVC）的 6 效两级逆流工艺流程低温多效蒸馏（MED-TVC）海水淡化方案。本低温多效蒸馏海水淡化装置包含 6 个串联的蒸发器，每个蒸发器称为一"效"，共 6 效。蒸汽热压缩器利用来自汽轮机的抽汽作为动力蒸汽，从第 6 效末端引射海水蒸发产生的二次蒸汽，使二次蒸汽与动力蒸汽混合一起作为第 1 效的加热蒸汽。物料海水以"逆流"方式分两级向蒸发器供料：来自海水淡化凝汽器出口的物料海水先平均分配到后 3 效蒸发器，作为第 1 级进料；然后将后 3 效蒸发剩余的盐水用二级物料水泵从第 6 效引出，再平均分配到前 3 效，作为第 2 级进料。

海水水源取自循环水进水管道，年平均设计温度 30.67 ℃，进入海水淡化岛的海水水质要求：TSS ≤ 300 mg/L、余氯 ≤ 4.5 mg/L。机组汽轮机五段抽汽作为海水淡化装置正常制水汽源，不高于 290℃。其主要设计参数及性能试验如表 6.19 所示。

表 6.19　主要设计参数及性能试验

项目	单位	设计值	试验结果 1 号 /2 号	是否满足设计性能
日产水量	t	≥ 4 000	4 033.0/4 001.2	是
造水比性能保证值	kg淡水/kg蒸汽	≥ 9.5	9.8/10.0	是
产品水质	mg/L	≤ 5	2.172/1.752	是
电耗（海水淡化岛内）	kW·h/m³	≤ 1.5	1.437/1.437	是
噪声水平（距设备外壳 1m、运行平台 1.2m 高处）	dB（A）	85	83.1/83.4	是

（四）获奖情况

《爪哇 7 号项目自主海水淡化技术的应用和示范》被中国电力建设企业协会评为 2021 年度电力建设质量管理小组活动成果三等奖。

八、国电电力大港电厂热法海水淡化项目

（一）公司简介

国电电力大港电厂有限责任公司位于天津市滨海新区（大港）南部，现有 4 台 32.85×10^4 kW 燃煤发电机组，总装机容量为 131.4×10^4 kW，供热能力 1 000 MW，可实现供热面积约 $1 982 \times 10^4$ m²，厂区占地 52.86 hm²，是天津地区大型火力发电厂之一，主营业务为电力、热力及相关附属产品的生产与销售。

（二）项目概况

一期工程于 1974 年 12 月动工，是我国在 20 世纪 70 年代首次从西方发达国家引进的大型成套工业项目之一，共安装两台意大利 328.5 MW 燃油发电机组。首台机组 1978 年 10 月 4 日并网发电，是当时全国单机容量最大的火力发电机组。1988 年，二期工程列入国家七五工程重点项目，继续由意大利引进两台 328.5 MW 燃煤发电机组，分别于 1991 年 7 月和 1992 年 5 月投产发电，使大港电厂跨入了超百万容量大型火力电厂的行列。在国家煤代油专项资金支持下，2001 年 10 月大港发电厂对 1、2 号机组进行了燃煤改造，工程被列为国家重点技术改造项目，于 2005 年 5 月全部竣工投产。

一期建厂时大港电厂是抽取地下水经过反渗透处理后，作为发电用水，经过长期运行，地下水水位下降很快，抽取地下水已经比较困难，再加上国家对于使用地下水的政策进一步收紧，继续使用地下水作为水源，安全性得不到保障。因此，大港电厂二期扩建必须采用其他水源确保机组安全供水。依照当时国情和大港电厂所处的环境，同时也在考虑为国内今后海边建电厂解决机组供水问题开辟一条新的途径，经过多方调研和论证，最终确定了大港电厂二期工程用海水淡化作为机组主要供水。该项目于 1984 年开始与国外有关公司进行技术谈判，在两年的时间内和五个国家中的六个公司进行了谈判，最终于 1986 年 8 月与美国 ESCO（环境系统公司）正式签订合同，以 540 万美元的价格成交了两套 3 000 t/d 的多级闪蒸海水淡化装置（MSF），设备于 1987 年开始安装，1989 年 9 月 27 日 2 号装置调试成功，1990 年 5 月 1 号装置调试成功。这是我国电力系统首次引进该种类型的设备，对我国海水淡化技术的发展和我国海水资源的利用产生深远的影响，引起了国家领导人、国家和地方有关部门及新闻媒体的高度关注，先后多次到大港电厂了解海水淡化的有关情况，摄制专题片等。

目前，大港电厂两套海水淡化设备已运行 30 余年，检修与运行人员已经积累了较丰富的工作经验，设备每年在大负荷之前的四、五月份，供热期之前的九、十月份进行两次检修，其余时间都是在运行状态，期间经历过两次较大的设备改造，2002 年将容器本体及换热铜管全部更换，从 2019 年开始，陆续将换热管束全部更换为钛合金管，极大地提高了设备的耐腐蚀性及运行的可靠性。

（三）技术路线

海水水源取自 #3、#4 发电机组循环水取水泵房，冷却水及浓盐水排入 #3、#4 发电机组循环水排水沟道。制水加热蒸汽来自 #3、#4 发电机组 2.9 kg 联箱，真空抽气系统高压蒸汽来自 #3、#4 发电机组 15 kg 联箱。

大港电厂淡化系统采用高温盐水再循环长管型多级闪蒸（MSF）技术，根据蒸汽压力为 0.39 MPa（绝压）、温度 251 ℃，原海水设计工况 20 ℃，设计温度范围 1~30 ℃、平均含盐量为 38 000~42 000 mg/L 的基础设计数据，设计造水比 10.0，装置可在产水量为额定容量 60%~100% 的范围内进行调节并正常运行，设备每年运行 360 d 左右。

淡化水含盐量为 ≤ 3.0 ppm，电导率 ≤ 7.0 μS/cm，TDS（固体溶解物总量）≤ 5.0 mg/L。

大港电厂淡化系统主要技术参数见表 6.20。

表 6.20   主要技术参数

序号	参数名称	单位	设计值	备注
1	设备出力	t/d	3000	设计保证值 / 每套
2	级数	级	39	
3	造水比	kg/kg	10.0	设计保证值
4	海水温度范围	℃	20	范围：1~30 ℃
5	出力调节范围	%	60~100	设计保证值
6	动力蒸汽消耗	t/h	12.5	0.39 MPa（a）/251 ℃
7	抽真空蒸汽消耗	t/h	0.17	1.6 MPa（a）/270 ℃
8	吨水电耗	kW·h	≤ 2.2	设计保证值
9	凝结水水量	t/h	11.5	去除减温水的净流量，回收至凝结器
10	盐水排放水量	t/h	175	100% 出力工况
11	冷却海水排放水量（夏季最大值）	t/h	250	设计工况，冬季为 150 t/h
12	产品水水质	μS/cm	≤ 7	设计保证值
13	年利用率	%	≥ 98	设计保证值

（四）项目经济性

大港电厂海水淡化设备常年全出力运行，产水除了满足电厂机组补水外，向社会销售包装饮用水，以桶、瓶等多种包装规格面向华北地区销售，还有部分产水用于脱硫系统工艺补充水、厂公共用水（消防和生产用水）和一、二期供热系统补给水，降低全厂自来水用量，节约企业生产成本。内部核算设计出力的制水成本在 5.65 元 /t 左右。目前系统全出力运行，设备改造后实际淡化水年产量 180×10^4 t 左右。因设备运行稳定，产水电导率在 3~5 μS/cm，后期只需一级除盐混床即可达到机组补水要求，经过摸索，混床运行周期已经由最初的 6 000 t，延长至 12 000 t，极大地增加了混床运行周期，降低了除盐水的制水成本。一、二期供热首站冬季运行时，使用海水淡化设备产水直接作为补给水，无需其他处理即可满足硬度要求，只需控制 pH 值，管道、换热器无结垢、腐蚀现象，保证了加热器疏水水质正常，同时极大地减少了设备检修、维护成本。

第七章

指导与建议

一、项目开发与建设

电厂作为耗水"大户",为保证电厂的安全稳定生产运行,需消耗大量的淡水资源,而电厂内建设海水淡化装置,这种电水联产项目成本优势较为明显:在电厂建设海水淡化项目,可利用电厂低品质蒸汽和厂用电价,降低海水淡化的制水成本;海水淡化装置可完全利用电厂的取、排水装置,减少项目建设投资;利用电厂内部空闲场地建设海水淡化项目,可避免征地等相关程序。故在沿海缺水且调水困难的地区,海水淡化成为电厂淡水供给的重要措施。在进行开发与建设工作时应注意以下方面:

(1)电水联产具有规模效应,需要达到一定的规模才能实现系统的双赢,因而需要确定合适合理的制水规模。除电厂实际运营情况外,还应结合当地政策考虑电厂周围是否有潜在客户及其用水规模,围绕"制水 – 输水 – 用水"各环节确定供水可行性及经济性,从而得到制水规模。

(2)综合考虑应用场景与技术、制水规模、海水水质、用户条件、运营难度等因素选择合适的海水淡化路线。

(3)热法淡化对汽轮机和淡化装置的匹配要求高,若设计不合理将会造成蒸汽的浪费。最好在电厂规划建设时综合考虑淡化部分并选择合适的汽轮机;已建电厂如果要上热法淡化装置,建议对汽轮机进行适当改造,以平衡发电和产水的综合经济效益。

(4)采用热法进行海水淡化时,虽然对原水水质要求不高,但是由于水中的悬浮物等会对后续板式换热器、冷凝器产生一定的影响,仍然建议设置海水预处理系统,对悬浮物、泥沙进行预处理,从而减少后续设备运行问题。

(5)为避免被海水腐蚀,海水及浓盐水等管道宜采用高等级耐腐蚀材料或采取相应防护措施。

电水联产有以下三种方式:

(1)从汽轮机中直接抽出蒸汽,利用潜热作为热源进行热法海水淡化。这种方式在保证发电的基础上,生产一定量的淡水供给锅炉补给水及电厂生产生活用水。该方式受机组负荷影响较大。

（2）汽轮机高压蒸汽用于发电，排出的低压蒸汽作为热源进行热法海水淡化，该方式可以大规模生产淡水。由于利用排出的低压蒸汽，热源成本较低，热利用效率较高，能够连续稳定地生产淡水。但是电、水生产无法互相调节。

（3）可以将上述两种方式结合起来，充分发挥各自的优点，在保证大规模生产淡水的基础上，能够互相调节控制，充分适应电、水用量变化的情况，操作弹性大。

从汽轮机中直接抽出蒸汽时要合理选择抽汽口的位置。抽汽量较大时，需考虑结构设计的可行性，位置一般选在汽缸的末端（如高、中压缸的排汽口），若对于抽汽压力有特殊要求，也可将抽汽口选在汽缸的中间位置；若抽汽压力接近再热压力，且抽汽温度高于再热冷段温度，但是小于再热热段温度，抽汽口可选择在中压缸的进口（再热热段），通过再热调节阀进行负荷变化调节，以此保证抽汽品质；若抽汽量较小，可在汽轮机的某一回热抽汽口抽汽。该方案的设计及实施较为简单，对汽轮机本体的改造也较少，但是对于抽汽流量和压力有一定的限制。

二、商业模式

海水淡化项目是以集团所属火电厂为主体开展的项目，其收益率应满足集团公司投资管理要求。在符合集团公司相关规定的前提下，可从以下几种商业模式中择优选择：

（一）EPC 模式

专业化单位按照与电厂的合同约定，对海水淡化项目进行设计、采购、施工等，电厂进行后期运营工作。

（二）BOO 模式

专业化单位按照与电厂的合同约定，对海水淡化项目进行设计、建设、运行和维护，与电厂共享取得收益。

（三）BOT 模式

专业化单位按照与电厂的合同约定，在一定期限内对海水淡化项目进行设计、建设、运行和维护，期间与电厂共享取得收益，期满后资产转让至电厂，电厂进行后期运营工作并独享收益。

（四）合作投资模式

由电厂与专业化单位合作投资成立项目公司，运营取得的收益按照投资比例进行分享。

三、制水成本分析

对于以 MED 为主的热法海水淡化，所用蒸汽的成本对其总成本影响最大，占总成本的 50%~70%，其次为设备折旧费和电费，占总成本的 20%~30%。对于膜法海水淡化，电费、设备折旧费、换膜费为其主要成本，占总成本的 50%~80%。药剂费和人工费在两种方法中均无较大影响。

目前集团内热法海水淡化的成本为 5~9 元 /t，膜法为 8~20 元 /t。需要注意的是，当制水成本高于当地水价时，会导致海淡产水难以外用，影响海淡实际产水量和运行天数，进而影响单位制水成本。因此在规划海淡项目时，需要控制合适的产水规模，并积极拓展各类用水途径。

四、项目运行常见问题及解决思路

问题一：MED 运行过程中，换热器、过滤器中有海生物滋生。

解决思路：海水淡化系统相关的海水预热器、蒸馏水冷却器等板式换热器要定期清污，保证冬季换热效果。海淡冷态运行期间定期投加杀生剂。

问题二：MED 运行过程中，一效蒸发器要接触相对高温的蒸汽，整体酸洗周期长会导致一效结垢相对严重。

解决思路：增加一效蒸发器物料水的阻垢剂加药量，单独清洗一效蒸发器换热管。

问题三：MED 运行过程中，换热管结垢，板式换热器表面污堵。

解决思路：严格控制启动及运行阶段效体温度，及时或定期对板式换热器进行冲洗。

问题四：MED 运行过程中，机组抽汽压力低会导致产水量下降，装置运行不稳定。

解决思路：低负荷期间，机组 CV 阀投入使用，以满足海淡装置最低供汽压力需要。

问题五：MED 运行过程中，机组抽汽压力变化会导致装置无法稳定运行。

解决思路一：低负荷期间，机组 CV 阀投入使用，以满足海淡装置最低供汽压力需要。

解决思路二：改为汽源压力相对稳定的辅汽联箱供汽。

问题六：反渗透法运行过程中，海水淡化膜脱盐率或产水量出现下降。

解决思路：分析脱盐率下降原因并采取相应措施。

（1）膜元件污染：海水中各类污染物，如胶体、微生物、无机物垢、金属氧化物等沉积在膜表面造成污堵导致的脱盐率或产水量下降，可通过化学清洗恢复。

（2）运行条件变化：进水温度、操作压力等运行参数变化导致的脱盐率或产水量下降，可通过调整运行参数恢复。

（3）膜元件老化：海水淡化膜运行时长达到使用寿命导致的脱盐率或产水量下降，可通过更换膜元件恢复。

第八章

附件

一、海水淡化成本测算方法

（一）热法海水淡化的成本测算方法

低温多效蒸馏制水成本包括能耗费用、药剂费、固定资产折旧费、修理费、人工费及财务费用。

（1）能耗费用包括蒸汽费用和用电费两部分：

MED 的蒸汽多数以电厂机组中压缸排汽为汽源，造水比一般为 8~15，吨水蒸气消耗量为 0.067~0.125 t/m³ 淡水，折算成标煤耗为 4.035~7.565 kg/t 淡水。蒸汽费算法：将等发电量前提下因制水抽汽使机组增加的燃料费用计为制水蒸汽的成本。蒸汽费用等于吨水标煤耗乘以标煤价。

MED 的电耗相对较低，吨水电耗一般为 0.8~1.5 kW·h/t 淡水，用电费等于电单价乘以吨水电耗。

（2）药剂费：MED 一般无预处理设备，只需加杀生剂、阻垢剂、消泡剂及还原剂，一般吨水药剂费取 0.25 元 /t 淡水。

（3）固定资产折旧费取决于项目静态投资、产量、设备折旧年限及残值率，计算公式：

$$P_a = \frac{100 - C_r}{100} \cdot \frac{V_t}{N_a \cdot D_N}$$

式中，C_r 为残值率，%；V_t 为项目静态投资，万元；N_a 为折旧年限，年；D_N 为年淡水产量，万 t/ 年。

（4）修理费：因 MED 转动设备少，维护工作量小，一般按固定资产原值的 0.3%~1% 计取。

（5）人工费由定员人数和人均工资决定：

$$P_w = \frac{S_w \cdot N_w}{D_N}$$

式中，S_w 为年人均工资，万元 /（人·年）；N_w 为定员人数，人；D_N 为年淡水产量。

（6）财务费用由项目自有资金占比、银行贷款利率、还款年限及还款方式决定，一般采用等额本金还款方式。

等额本金还款额的计算公式：

$$平均年利息额 = \frac{BV \cdot (N+1)/2}{贷款年限}$$

式中，B 为本金，万元；V 为每期利率，%；N 为还款期数。

（二）反渗透膜法海水淡化成本测算方法

注：以下部分费用计算过程采用 2015 年度平均汇率（1 美元 =6.227 2 元人民币）进行换算。

反渗透水处理成本的关键决定因素是反渗透系统的投资成本和操作成本。

1. 直接投资成本

直接投资成本包括现场开发、水的成本、共用设备、系统设备和土地等。

（1）现场开发：现场开发包括建筑物、路、墙以及其他与安装有关的建设，通常估价为 160 元 /（$m^3 \cdot d$）；若在已有的工厂内安装反渗透系统，这部分费用可不计。

（2）供、排水成本：这里指的供、排水是进水供应和浓水排放。

进水供应的影响因素有供应系统（水井、管路）的复杂性，贮槽的多少和进水回收率的高低等；浓水排放取决于排放方式（排海、地上分散、排入污水沟、注井、蒸发结晶等）及路程的长短。海水淡化的供、排水成本估算范围为 80~1 650 元 /（$m^3 \cdot d$）。

（3）共用设备：共用设备指与动力供应有关的设备和外部排放管路等，海水淡化的共用设备成本估算范围为 160~740 元 /（$m^3 \cdot d$）。

（4）系统设备：这是投资的主要部分，包括预处理系统、膜组件（含膜元件更换）、反渗透系统（含泵、管路、电气、控制、能量回收、元件压力容器和底座等）、运输安装及与工程设计有关的费用等。这部分费用因实际情况而变动，如进水易结垢等，预处理费用会偏高；膜元件更换周期短，膜元件费用则偏高；运输距离远、转运次数多，则运输安装费用就高。估价范围和各部分占比见表 8.1。

表 8.1　估价范围和各部分占比

	应用	海水淡化
设备费	范围 /[元 /（m³·d）]	4 110~7 400
设备费占比 /%	预处理	15
	膜组件	15
	RO 系统	60
	运输安装	5
	设计等	5

（5）土地：一般可不计，在特别贵的情况下可予以考虑，因一般情况下是建设在土地很便宜的地方。

（6）其他：这包括特殊要求的场合，如超纯水制备中，后处理很复杂，应另加考虑。

2. 间接投资

间接投资包括额外建筑、偶然事故等。相对来说，间接投资是次要的，且有很大的不确定性。这包括额外费用（临时设施、建筑、合同人费用、现场指导、系统安装等）和偶然事故等，一般前者约占总直接投资的 12%，后者占 10%。

3. 操作费用

操作费用包括能耗、膜替换、劳力、备件、试剂、过滤器等。

（1）能耗：这是最大的单项成本，包括低压供水、预处理、高压供水、仪表等的能耗费用，其中主要为高压泵的能耗，海水淡化能耗成本范围为 0.7~10.9 元 /m³。

（2）膜更换：这是操作费用中另一关键因素。膜寿命多取 3~7 年，若操作失误或进水突变引起元件损坏，则对总成本影响较大。海水淡化膜更换成本范围为 0.32~10.6 元 /m³。

膜元件更换费用（元 /m³）公式如下：

$$（膜更换成本）单级 = 0.723 M_0 M_p^{-1} M_L^{-1}$$

$$（膜更换成本）二级 = 0.723 \times （100/F_{R1}） M_0 M_p^{-1} M_L^{-1}$$

式中，M_0 为元件费用，元 / 只；M_p 为组件产量，gal/d（gal/d=4.38×10^{-8} m³/s）；M_L 为元件寿命，a；F_{R1} 为回收率，%。

（3）劳力：这也是关键操作费用之一。由于各地劳力价格不一和反渗透工厂所需操作人数不同，因而变化很大。海水淡化劳力成本范围为 0.2~1.2 元 /m³。劳力成本计算基础见表 8.2。

表 8.2　劳力成本计算基础

项目	海水淡化
班次 /（班 /d）	2
工人数 /（人 / 班）	2
劳动费用 /（元 /h）	50
额外劳动份额 /%	30

其计算公式为：

$$劳力成本 = 0.028\,7 L_b S W_s P_{LC}^{-1}（L_{OH}+100）$$

式中，劳力成本单位为元 /m³，L_b 为单位小时劳力费用，元 /h；S 为每天几班，n/d（n 为班数）；W_s 为每班工人数；P_{LC} 为工厂产量；L_{OH} 为额外劳力份额，%。

（4）备件：这主要指维修更换件，如泵、阀的部件，控制系统的部件等，但不包括试剂、过滤器和膜组件的消耗和更换，所以这部分成本很低，对海水淡化可取 0.1 元 /m³。

（5）试剂：因进水的不同，试剂变动较大，设计中应特别注意。若添加量太大，不仅成本高，且预处理部分也要加大，不经济，应另选别的途径。海水淡化试剂成本范围为 0.06~1 元 /m³。

（6）5~25 μm 滤器：因进水的不同，其使用寿命变化很大，从而其成本也随之变化，海水淡化滤器更换成本范围为 0.06~0.9 元 /m³。

（7）其他：对一些具体的应用，还应考虑非正常的成本，如超纯水生产中要求离子交换床（IXB）、紫外线（UV）消毒和脱 CO_2 等。

4. 投资回收成本

总投资成本是决定项目可行性的关键，而生产成本取决于投资占的比例。投资回收成本（元 /m³）基于利率和设备寿命，计算如下：

海水淡化

$$投资回收成本 = \frac{总投资成本 \times 1000 i \left(1 + \dfrac{i}{100}\right)^r}{3.785 \times 365(100 - D_t)\left[\left(1 + \dfrac{i}{100}\right)^r - 1\right]}$$

式中，i 为年利率，%，通常取 12%；r 为寿命，年，通常取 15 年；D_t 为停运时间百分比，%，通常取 15%。

二、海水利用相关标准

海水利用主要包括海水淡化、海水直接利用和海水化学资源利用。根据《2023 年全国海水利用报告》，截至 2023 年底，全国现行有效海水利用相关标准 197 项，包括国家标准 59 项、行业标准 130 项、地方标准 8 项（图 8.1）。其中，2023 年新发布海水利用相关国家标准 2 项、行业标准 4 项、地方标准 1 项，包括：GB/T 43230—2023《反渗透海水淡化产品水水质要求》、GB/T 23609—2023《海水淡化装置用铜合金无缝管》（替代 GB/T 23609—2009）和 JB/T 14509—2023《反渗透海水淡化设备技术规范》、DL/T 2595—2023《发电厂海水淡化工程运行和维护导则》、DL/T 2711—2023《海水法烟气脱硫系统检修导则》、DL/T 2712-2023《海水法烟气脱硫系统运行导则》及 DB37/T 5268—2023《海水淡化水纳入城市供水系统水质安全保障技术标准》。

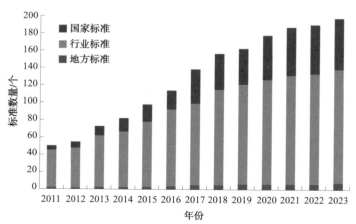

◆ 图 8.1　全国海水利用相关标准数量增长图（图自《2023 年全国海水利用报告》，2024 年 6 月）

经全国海洋标准化技术委员会海水淡化与综合利用分技术委员会（TC283/SC4）标准立项审查，2023年共3项国家标准和4项海洋行业标准获批立项。其中，获批立项的国家标准为《海水淡化浓盐水排放标准》《蒸馏法海水淡化阻垢剂性能评价方法动态模拟试验法》《卤水中锂的测定火焰原子吸收光谱法》；获批立项的海洋行业标准为《海水资源利用监测评估技术指南》《海水淡化浓海水排海生态影响评价指南》《海水淡化反渗透膜元件脱硼率测试方法》《海水循环冷却系统设计规范 第3部分：海水预处理》。

2018—2022年新发布海水淡化相关标准见表8.3。

表8.3　2018—2022年新发布海水淡化相关标准表

序号	标准名称	标准编号
1	中空纤维超滤膜和微滤膜组件完整性检验方法	GB/T 36137—2018
2	反渗透和纳滤装置渗漏检测方法	GB/T 37200—2018
3	反渗透海水淡化工程设计规范	HY/T 074—2018
4	超滤膜性能检测方法 第1部分：总则	HY/T 233—2018
5	海水淡化浓海水中排放中卤代有机物的测定 气相色谱法	HY/T 242—2018
6	海水淡化装置能量消耗测试方法	HY/T 245—2018
7	海岛反渗透海水淡化装置	HY/T 246—2018
8	海水淡化产品水水质要求	HY/T 247—2018
9	外压中空纤维超滤膜表面亲水性的测试 接触角法	HY/T 266—2018
10	微滤水处理设备	CJ/T 169—2018
11	超滤水处理设备	CJ/T 170—2018
12	钢铁行业海水淡化技术规范 第4部分：浓含盐海水综合利用	YB/T 4256.4—2018
13	船用反渗透海水淡化装置	CB/T 3753—2019
14	船用喷淋式海水淡化装置	CB/T 3803—2019
15	火电厂反渗透水处理装置验收导则	DL/T 951—2019
16	低温多效蒸馏海水淡化装置施工验收技术规定	DL/T 1962—2019
17	海水淡化生活饮用水集中式供水单位卫生管理规范	DB37/T 3683—2019
18	海水淡化水后处理设计指南	GB/T 39219—2020
19	海水淡化利用　工业用水水质	GB/T 39481—2020
20	多效蒸馏海水淡化系统设计指南	GB/T 39222—2020
21	反渗透海水淡化阻垢剂阻垢性能试验　周期浓缩循环法	GB/T 39221—2020
22	海水或苦咸水淡化用膜蒸馏装置通用技术规范	GB/T 39801—2021

续表

序号	标准名称	标准编号
23	大生活用海水水质	GB/T 39835—2021
24	中空纤维膜耐化学清洗剂腐蚀性能评价方法	GB/T 40258—2021
25	高分子膜材料气体渗透性能测试方法	GB/T 40260—2021
26	海水淡化与综合利用标准体系	HY/T 0323—2021
27	中空纤维膜组件细菌截留性能检测方法	HY/T 0303—2021
28	海洋技术 – 反渗透海水淡化产品水水质 – 市政供水指南	ISO 23446：2021
29	中空纤维帘式膜组件	GB/T 25279—2022
30	海水微生物絮凝剂	HY/T 0335—2022
31	发电厂海水淡化工程设计规范	NB/T 10979—2022

三、海水淡化英文缩写导引

GOR：造水比

MED：低温多效蒸馏

MF：微滤

MSF：多级闪蒸

MVR：高效蒸发结晶

NCG：不凝结气体

NF：纳滤

NTU：浊度单位

PAM：聚丙烯酰胺

RO：反渗透

SDI：污泥密度指数

SS：悬浮物

TDS：总溶解性固体，固体溶解物总量

TSS：总悬浮固体

TVC：蒸汽喷射器

UF：超滤

参考文献

[1] 高从堦，阮国岭 . 海水淡化技术与工程 [M]. 化学工业出版社，2016.

[2] 自然资源部海洋战略规划与经济司 . 2018~2022 年全国海水利用报告 [R]. 2019~2023.

[3] 周宗尧，胡云霞，刘中云，等 . 海水淡化膜集成系统的发展现状及优势分析 [J]. 膜科学与技术，2017，37（6）：7.

[4] 张岩岗，吴礼云，何敏，等 . 海水淡化预处理方法比较及其特点分析 [J]. 中国设备工程，2018（3）：5.

[5] 李洋，许卫国，王福家 . 反渗透浓海水排放技术及应用 [J]. 净水技术，2021.

[6] 赵朦 . 热膜耦合海水淡化工艺系统热经济性评价 [D]. 2017.